# Fjordpferde

## DIE FALBEN
## DER WIKINGER

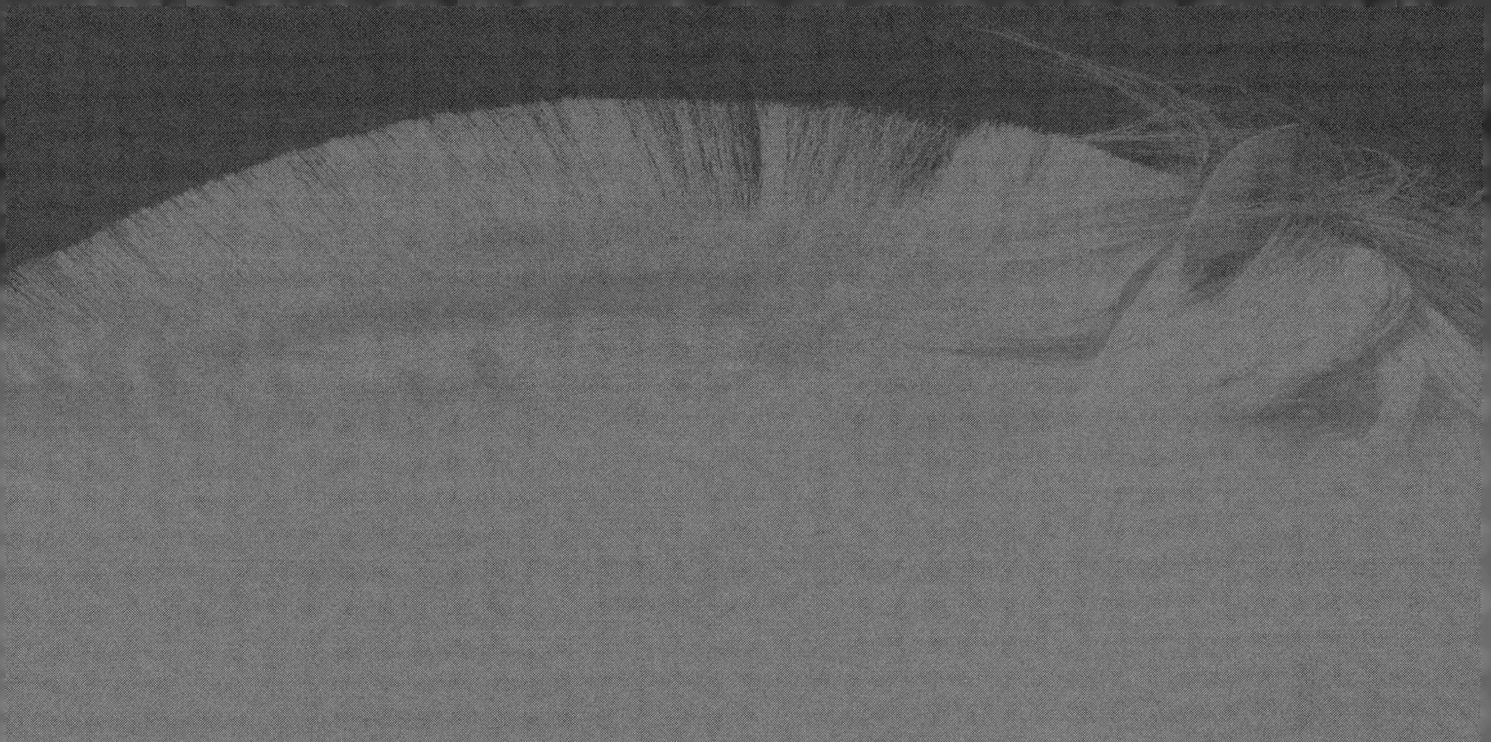

# Fjordpferde

## DIE FALBEN DER WIKINGER

VON ULRICH SCHMELZER

CADMOS

Haftungsauschluss:
Autor und Verlag haben den Inhalt dieses Buches mit großer Sorgfalt und nach bestem Wissen und Gewissen zusammengestellt. Für eventuelle Schäden an Mensch und Tier, die als Folge von Handlungen und/oder gefassten Beschlüssen aufgrund der gegebenen Informationen entstehen, kann dennoch keine Haftung übernommen werden.

Impressum

Gestaltung: www.ravenstein2.de
Lektorat: Anneke Fröhlich
Coverfoto: Christiane Slawik
Fotos im Innenteil: Christiane Slawik
Druck und Bindung: Druck KN Digital Printforce GmbH,
Ferdinand-Jühlke-Straße 7, D-99095 Erfurt

Deutsche Nationalbibliothek – CIP-Einheitsaufnahme
Die Deutsche Nationalbibliothek verzeichnet diese Publikation in der Deutschen Nationalbibliografie; detaillierte bibliografische Daten sind im Internet über http://dnb.ddb.de abrufbar.



ISBN 978-3-8404-0020-9, Hardcover, Inhalt farbig
ISBN 978-3-8404-0019-3, Broschur, Inhalt farbig
ISBN 978-3-8404-0018-6, Broschur, Inhalt s/w

# INHALT

# INHALT

# VORWORT

Das Pferd, der gesellige Pflanzenfresser aus der freien Steppe, hat dem Menschen seit Tausenden von Jahren nicht nur als Transportmittel für Mensch und Ware, als Kampfgefährte und als Arbeitskraft gedient, sondern auch als Quell der Freude, als sensibler und treuer Partner, als Fokus der Bewunderung und einer fürsorglichen Liebe, wie sie außer dem Hund keiner anderen Spezies durch den Menschen zuteil wird. Dem modernen Menschen in einer globalisierten, urbanisierten und überreizten Welt dient gerade ein Pferd als Erdung, als Verbindung mit der Ursprünglichkeit und Unmittelbarkeit, die er in seinem Leben oft unbewusst, aber doch bitter vermisst.

Gerade die Fjordpferde, vielseitige und harte Kämpen mit großer Gelassenheit und Toleranz und einer Erscheinung, die uns direkt an die letzten Wildpferde denken lässt, werden wegen ihrer unverdorbenen Art als Bindeglied mit der Natur von immer mehr Menschen geschätzt. Ulrich Schmelzer hat als Pferdewirtschaftsmeister mit umfassender Kenntnis und Erfahrung mit vielen Rassen sein Herz an die freundlichen Falben verloren – nicht obwohl, sondern gerade weil diese nicht auf sportliche Höchstleistung getrimmt wurden, sondern sich weitgehend unverfälscht den Charakter und die Fähigkeiten eines praktischen, robusten Allzweckpferdes bewahrt haben. Auf den kleinen Höfen ihrer Heimat dienten die Fjordpferde über Jahrhunderte als flottes Transportmittel vor dem einachsigen Wagen, als zähe Arbeitspferde im Bergwald oder auf den kleinen steinigen Äckern und als Packpferde, wenn es über die Berge zum Markt ging. Pferde mit schwachen Nerven oder einem widerspenstigen Charakter wurden radikal ausgesondert, zu oft war eine ganze Familie von der unbedingten Einsatzbereitschaft und Brauchbarkeit ihres Fjordpferdes abhängig. So wurden über viele Generationen die Eigenschaften, deretwegen die Fjordpferde heute auf dem ganzen Globus geschätzt werden, allein aus praktischer Notwendigkeit heraus gefördert und gefestigt.

Heute orientiert sich das Zuchtziel weltweit immer noch an den Anforderungen der norwegischen Kleinbauern, die diese Pferderasse geschaffen haben. Vermutlich wird kaum ein Fjordpferd zu olympischen Ehren kommen, dafür kann ich aber mit ein und demselben Pferd meinen Garten umpflügen, die örtliche Fuchsjagd mitreiten, mit meiner Braut zur Kirche fahren, meinen Kindern das Reiten beibringen und – wenn es mich denn reizt – eine saubere Dressurprüfung auf dem Viereck oder einen Distanzritt in der freien Natur absolvieren. Vieles hiervon findet sich in den Bildern dieses Buches wieder, gepaart mit dem fundierten Wissen eines begeisterten Fachmanns. Der besondere Charme der Fjordpferde wird in einer alten norwegischen Quelle sinngemäß so beschrieben: „Ein gutes Fjordpferd hat Augen wie Bergseen an einem Mittsommerabend – groß und leuchtend. Es trägt den Hals stolz wie ein Jüngling aus den Bergen auf dem Weg zu seiner Liebsten …"

*Eike Schön-Petersen*
Vorsitzender der Interessengemeinschaft Fjordpferd e.V.

# EINFÜHRUNG

Wenn man eine Pferderasse schon aus 50 Metern Entfernung allein an ihrer Silhouette erkennt, kann es sich nur um das norwegische Fjordpferd handeln. Ihr auffälliges Äußeres wird noch durch die markante Falbfärbung und die adrett geschnittene Stehmähne unterstrichen. In jeder Pferdeherde fällt ein Fjordpferd, das auch einfach Norweger oder liebevoll Fjordi genannt wird, auf wie ein bunter Hund.

Fjordpferde gelten als eine der ältesten Pferderassen Europas und wurden bereits von den Wikingern geschätzt und gezüchtet. Durch ihr freundliches, ruhiges und ausgeglichenes Wesen sind sie eines der zuverlässigsten und vielseitigsten Freizeit - und Familienpferde überhaupt. Wenn eine Rasse den Begriff „typisches Familienpferd“ verdient hat, dann sind es sicher die Fjordpferde. Auf ihnen kann Papa ganz problemlos durch das Gelände reiten, Mama ihre Dressurlektionen im Viereck üben und die Tochter erfolgreich auf Turnieren starten. Und am Wochenende können alle gemeinsam eine Ausfahrt mit der Kutsche genießen, denn das Fjordpferd ist auch ein hervorragendes Fahrpferd. Längst hat es sich durch sein charmantes Auftreten und seinen berühmten goldenen Charakter einen Platz in den Herzen vieler Pferdefreunde auf der ganzen Welt erobert.

Wenn der Mensch seine Freizeit gern mit Pferden verbringen möchte, ist das Fjordpferd genau der richtige Partner. Mit ihm kann einerseits auch der noch etwas unerfahrene Horseman viel Spaß haben, und andererseits hat es auch dem ambitionierten Pferdesportler gerade wegen seiner Vielseitigkeit einiges zu bieten. Aber trotz aller Gutmütigkeit verlangt auch das Fjordpferd, genau wie alle anderen Pferde, eine ordentliche Erziehung und einen sachgemäßen, konsequenten Umgang, der seine natürlichen Veranlagungen fördert und das gute Temperament des sympathischen Falben zur Geltung kommen lässt.

Das vorliegende Buch spannt einen Bogen von einem kurzen Einblick in die Geschichte dieser außergewöhnlichen Rasse über die vielseitigen Verwendungsmöglichkeiten bis hin zur artgerechten Haltung, Fütterung und Pflege des Fjordpferdes. Hinzu kommen wissenswerte Tipps zum Thema Pferdekauf, Hinweise zu Kontaktadressen rund um das Fjordpferd und die Vorstellung der Interessengemeinschaft Fjordpferd mit ihren Aufgaben und Zielen. Auf bestimmte Themen wie zum Beispiel das aktive Zuchtgeschehen sowie das Einreiten und Einfahren von jungen Pferden wird ganz bewusst nicht näher eingegangen – dies sind Aufgaben von Fachleuten, die ihr Wissen nicht nur aus Büchern entnehmen können.

# Die FALBEN der Götter

„Als Gott das Pferd erschuf, sprach er zu dem prächtigen Geschöpf: Dich habe ich gemacht ohnegleichen. Alle Schätze dieser Erde liegen zwischen Deinen Augen. Du sollst fliegen ohne Flügel und siegen ohne Schwert." (Prophet Mohammed)

In allen Kulturen waren die Pferde die Gefährten der Götter. So war es in der moslemischen, in der römischen und auch in der nordischen Sagenwelt. Teutates, dem Gott der Kelten, war das Pferd heilig, und seine Tochter Epona war die Pferdegöttin.

## Von Odin, Sleipnir & Co.

Wie die nordische Mythologie berichtet, ritt der König der Götter, der einäugige Wikingergott Odin, auf einem achtbeinigen Streitross namens Sleipnir. Sein Sohn, der Donnergott Thor mit seinem Hammer, folgte oft dem Götterkönig Odin und seinem niemals ermüdenden Sleipnir. Man berichtet von Sleipnir, dass er auch fliegen konnte.

Die Menschen, die an die nordischen Göttersagen und an Odin glaubten, ließen noch bis vor kurzer Zeit nach der Ernte einige Getreidegarben für Sleipnir auf den Feldern stehen. Und im Rathaus von Oslo sieht man einen schönen Holzschnitt, der Odin auf seinem achtbeinigen Fjordhengst Sleipnir zeigt.

*Auf einem Holzschnitt, der im Rathaus von Oslo zu sehen ist, reitet Odin seinen achtbeinigen Fjordhengst Sleipnir.*

*Schon die Wikinger züchteten Pferde, die den heutigen Fjordpferden sehr ähnlich waren.*

## Das Pferd der Wikinger

Das Fjordpferd hat seine Wurzeln im nordischen Urtyp, dem sogenannten keltischen Pferd. Fjordpferde gehören zu den ältesten Pferderassen Europas. Archäologische Funde und Ausgrabungen belegen neben sehr frühen Abbildungen, dass schon die Wikinger im siebten Jahrhundert auf Pferden ritten, die dem Fjordpferd von seinem Erscheinungsbild her sehr ähnlich waren.

Diese Pferde stammen ursprünglich aus den westlichen Gebieten Norwegens, wo sie über viele Jahrhunderte unverändert gelebt hatten. Auf ihren Eroberungszügen waren die Wikinger auf ihre Pferde angewiesen und nahmen sie daher in ihren Booten mit. So kamen damals die Pferde der Wikinger weit in fremde Länder.

Bei archäologischen Ausgrabungen wurden mehrere große Wikingerschiffe entdeckt, in denen man unter anderem Skelette von Pferden und viele reich verzierte Ausrüstungsgegenstände fand. Diese Funde belegen eindeutig die Ähnlichkeit der Wikingerpferde mit den heutigen Fjordpferden. Der Stellenwert, den die Pferde für die Wikinger besaßen, wird unter anderem daran deutlich, dass sich viele Krieger auf ihren Reittieren sitzend begraben ließen.

## Rassegeschichte und züchterische Anfänge

Die steilen Berge und die tiefen Fjorde an der Westküste Norwegens prägen die ursprüngliche Heimat des Fjordpferdes. Seit die Wikinger sesshaft wurden, lebte es seit vielen Hundert Jahren als Arbeitspferd auf kleinen Bauernhöfen. Angepasst an das karge, harte Leben und das teilweise nur geringe Futterangebot war das Fjordpferd schon immer sehr anspruchslos und genügsam. Die Jungpferde lebten oft bis tief in den Winter hinein auf kargen Weideflächen, auf denen sie meist sich selbst überlassen waren. Häufig kam es im Winter zu einem Mangel an Heu, sodass man aus Not die Pferde mit Moos, Heidekraut, Baumrinde, Blättern und sogar Fischgräten fütterte. Das erklärt auch, warum das heutige Fjordpferd so ein ausgesprochen guter Futterverwerter ist.

Die Widerristhöhe der Pferde betrug circa 125 Zentimeter im Stockmaß. Typisch war seit jeher bereits die Falbfärbung in verschiedenen Schattierungen mit Aalstrich und den Querstreifen an den Beinen, die eine direkte Verwandtschaft zu den Urwildpferden vermuten lässt. Über viele Jahrhunderte hinweg lag die Zucht der Fjordpferde ausschließlich in bäuerlicher Hand. Aufgrund der harten Lebensbedingungen fand immer wieder eine natürliche Selektion statt. Schon damals wurde neben der natürlichen

*Ein Fjordpferd findet überall und immer etwas zu fressen, auch wenn es Blätter sind.*

Leistungsbereitschaft und Leistungsfähigkeit sehr viel Wert auf einen einwandfreien, gutmütigen Charakter gelegt, damit die Pferde leicht zu handhaben waren.

Diese absolute Verlässlichkeit war eine wesentliche Voraussetzung, da das Fjordpferd überwiegend als Reit- und Tragtier und als Kutschpferd im steilen Gebirge und zur Forstwirtschaft eingesetzt wurde. Die erste planmäßige Zucht fand ab Anfang des 19. Jahrhunderts statt. Im Jahre 1844 wurde das erste staatliche Gestüt gegründet. Zu Beginn der von staatlicher Seite aus gesteuerten Zucht versuchte man, die geringe Größe des damaligen Fjordpferdes durch Einkreuzungen mit Dolepferden zu verbessern, weil die Nachfrage nach größeren Arbeits- und Kutschpferden zu jener Zeit enorm groß war. Die Nachkommen erfüllten aber in keiner Weise mehr die hohen Anforderungen an den guten Charakter, denn sie besaßen nicht mehr die typische Ruhe und Umgänglichkeit des reinen Fjordpferdes. Schon nach kurzer Zeit wurde deshalb die Fremdblutzufuhr wieder gestoppt. Seither betreibt man eine konsequente Reinzucht und führt Stutbücher. Ab und zu sieht man auch heute noch kleine weiße Abzeichen bei Fjordpferden. Man sagt, dass sie das Erbe aus den Einkreuzungen sind. Deshalb sind Abzeichen bei Zuchttieren nicht mehr erwünscht. Entsprechend werden in Deutschland Hengste mit weißen Abzeichen nicht zur Zucht zugelassen.

Eine reichhaltigere Fütterung und verbesserte Aufzuchtbedingungen sowie strenge Selektion führten im Laufe der Zeit dazu, dass die Rasse ihre heutige durchschnittliche Größe von circa 138 bis 148 Zentimetern Widerristhöhe erreicht hat.

## Von den norwegischen Fjorden in die ganze Welt

Seit Beginn der planmäßigen Zucht gilt das Fjordpferd in Norwegen als Nationalsymbol. Es gehört einfach zu Norwegen wie die lila Milka-Kuh zu den Alpen.

Bis vor 100 Jahren war das Fjordpferd das wichtigste Verkehrsmittel in seinem Heimatland, und im steilen Gebirge war es bis zum Bau der ersten befestigten Straßen das einzige Transportmittel. Diese Tatsache hat schon damals viele Touristen so sehr beeindruckt, dass sie sich ein Fjordpferd kauften und mit nach Hause nahmen. Inzwischen wird das Fjordpferd überall in Europa sowie

*„Made in Norway": Das Fjordpferd ist in Norwegen ein Nationalsymbol und in aller Welt ein Sympathieträger.*

in Nord- und Südamerika und in vielen anderen Ländern auf der Welt gezüchtet. Neben dem Ursprungsland Norwegen sind die Hauptzuchtgebiete Dänemark, Schweden, Holland und Deutschland. In vielen Staaten, in denen Fjordpferde gezüchtet werden, haben sich Interessengemeinschaften gegründet, die sich um den Erhalt und die Förderung der Rasse kümmern. Es gibt auch einen Zusammenschluss und ein gemeinsames Gremium auf internationaler Ebene: die FHI (Fjord Horse International) mit Sitz in Nordfjordeid in Norwegen (Adresse siehe Seite 94). Nach wie vor werden aber das Zuchtziel und die Rassestandards vom Mutterland Norwegen vorgegeben.

*Das Gemälde des Hengstes Rosendalsborken stammt aus einer Sammlung von Kaiser Wilhelm II. Der Hengst würde auch dem heutigen Rassestandard noch entsprechen.*

## Das Fjordpferd kommt nach Deutschland

Das erste Fjordpferd kam anlässlich einer internationalen Landwirtschaftsausstellung im Jahre 1883 nach Deutschland. In Hamburg konnte man den damals 20-jährigen, hellfalb-farbigen norwegischen Fjordhengst Rosendalsborken bestaunen.

Der Beginn der Fjordpferdezucht in Deutschland fand allerdings erst sehr viel später statt, die ersten Zuchttiere wurden im Jahre 1940 von der deutschen Wehrmacht importiert. Durch den Zweiten Weltkrieg sank der gesamte Pferdebestand in Deutschland nach 1945 rapide ab, sodass der Bedarf nach einem leistungsfähigen, kleinen und leichtfuttrigen Pferd für die kleinbäuerliche Landwirtschaft stieg. Die

*Der Fjordpferdezüchter Georg Eitenmüller aus dem Odenwald mit dem norwegischen Fjordhengst Oelve anlässlich der Körung in Gießen 1963.*

*Besonders in den kleinen landwirtschaftlichen Betrieben war das Fjordpferd noch bis in die 1960er-Jahre oft ein unersetzlicher Helfer.*

Einfuhr von sogenannten Panjepferden und anderen Importpferden aus Osteuropa war durch den Kalten Krieg nicht mehr möglich, deshalb musste man sich nach einer Alternative umschauen. Die Soldaten erinnerten sich gern an die fleißigen und zähen Pferde mit der zweifarbigen Mähne, die sie in Finnland und Norwegen kennengelernt hatten, und einige regionale Zuchtverbände sorgten bald darauf für den Import von geeigneten Zuchttieren aus Dänemark (50 Hengste, über 1000 Stuten) und Norwegen (25 Hengste, über 100 Stuten). 1950 trafen die ersten Transporte in Hannover, im Rheinland und in Hessen ein. Bis zum Ende der 1960er-Jahre stieg der Anteil der Fjordpferde bei den Zucht- und Arbeitstieren stetig an, bis sie nach und nach durch den Wandel der Technik aus der Landwirtschaft verdrängt wurden.

Ihr Image als Arbeitspony machte es ihnen nicht leicht, mit den edleren Reitponys mitzuhalten, die immer mehr aus England importiert wurden. Überall außer in Hessen waren die Bestandszahlen stark rückläufig, bis diese Tendenz etwa Mitte der 1970er-Jahre unter anderem durch die Gründung der Interessengemeinschaft Fjordpferd e.V. gestoppt werden konnte. Zum Glück wurden die Qualitäten des Fjordpferdes und ihre Vielseitigkeit nach und nach im Freizeitbereich erkannt. In der

*Bevor ein Fjordhengst endgültig zur Zucht zugelassen wird, muss er neben der Körung auch seine Hengstleistungsprüfung erfolgreich absolvieren.*

Zucht wurde nun zunehmend Wert auf ein raumgreifendes Gangwerk und bessere Rittigkeit gelegt.

Kreuzungsversuche, die Ende der 1970er-Jahre mit Arabern und Welsh-Ponys unternommen wurden, schlugen allerdings fehl, die daraus entstandenen Pferde hatten zum größten Teil Gebäude- und Charaktermängel. Allein durch konsequente Reinzucht und Selektion konnte man einen Zuchtfortschritt mit mehr Reitpferdepoints erzielen, ohne die guten Eigenschaften des Fjordpferdes einbüßen zu müssen.

Belohnt werden die Bemühungen der Reinzucht mit einer stetigen Zunahme der eingetragenen Tiere seit Mitte der 1980er-Jahre. Im Laufe der letzten Jahrzehnte ist das Fjordpferd in vielen Teilen Deutschlands heimisch geworden, inzwischen sind viele Generationen von Fjordpferden in Deutschland geboren und aufgewachsen. Die zur Zucht zugelassenen Hengste müssen hohe Ansprüche erfüllen. Neben der Körung, zu der sie frühestens im Alter von zweieinhalb Jahren zugelassen werden, müssen sie sich bis zum sechsten Lebensjahr einem 30 Tage dauernden, sehr strengen und anstrengenden Leistungstest in einer staatlich anerkannten Leistungsprüfungsanstalt unterziehen. Im Einzelnen werden Interieur, Grundgangarten, Rittigkeit, Springveranlagung, Gelände- und Fahreignung bewertet.

Die Hengste haben ihre Eigenleistungsprüfung bestanden, wenn sie wenigstens eine Durchschnittsnote von 6,5 (Maximalnote ist 10,0) erreicht haben. Für Stuten ist die Leistungsprüfung in einer staatlich anerkannten Prüfungsanstalt freiwillig, nur für Staatsprämienanwärterinnen ist sie Pflicht.

Die Interessengemeinschaft Fjordpferd veranstaltet in Zusammenarbeit mit den regionalen deutschen Pferdezuchtverbänden jährlich verschiedene Fohlen- und Zuchtschauen, um den Standard der Rasse zu erhalten, zu überprüfen und zu verbessern. Alle paar Jahre findet eine Bundeszuchtschau ausschließlich für reinrassige Fjordpferde mit Abstammungsnachweis statt. Um rechtzeitig für züchterischen Nachwuchs zu sorgen, gibt es alljährlich sogenannte Jungzüchterwettbewerbe. Dabei werden die teilnehmenden Jugendlichen in drei Altersklassen eingeteilt. Zuerst müssen die jungen Züchter ein Pferd sachgemäß aufstellen und auf der Dreiecksbahn präsentieren. Dann wird ein Pferd anhand des Exterieurs beurteilt und schließlich muss im theoretischen Teil ein Fragenkatalog zu allen Bereichen der Pferdezucht und Pferdehaltung beantwortet werden.

Bei einem Bestand von circa 1200 Zuchtstuten und 120 Hengsten sowie 300 Fohlen pro Jahrgang entfallen im Schnitt nur zweieinhalb Fohlen auf einen Hengst, wobei die Bedeckungszahlen regional bedingt sehr unterschiedlich sind. Das Hauptzuchtgebiet ist nach wie vor Hessen, dort ist etwa die Hälfte der Stuten beheimatet. Insgesamt befindet sich die deutsche Zucht auf einem sehr hohen Niveau, viele angrenzende Länder und die USA bauen ihre Zucht unter anderem auf deutschen Blutlinien auf.

Für die große Bedeutung Hessens für die Fjordpferdezucht gibt es eine ganz praktische Erklärung: Als in den 1950er-Jahren viele Fjordpferde importiert wurden, kamen sie vor allem mit dem Zug von Dänemark aus durch Norddeutschland Richtung Süden. Wie alte Züchter berichten, war es für die Landwirte damals wichtig, dass die importierten Pferde viel Kaliber hatten und gut im Futter waren. Die Züchter im Norden suchten sich also nun die Pferde im schweren Wirtschaftstyp aus, und je weiter der Zug Richtung Süden rollte, desto mehr Pferde im leichten, trockenen Typ blieben übrig. Zuletzt bekamen die Züchter im südlichen Odenwald (bei Heidelberg) die dünnsten, drahtigsten Pferde. Was erst als Nachteil erschien, entwickelte sich später zum Vorteil: Die hessischen Züchter konnten ohne große Umzüchtung die Nachfrage nach rittigen Freizeitpferden am ehesten und am besten bedienen.

Das Fjordpferd wird, je nach Vorliebe und Verwendungszweck, in mehreren verschiedenen Typen gezüchtet. Es gibt den trockeneren sportlichen, Typ und den kräftigeren Typ, wobei Charakter sowie Reit- und Fahreigenschaften bei allen Varianten im Vordergrund stehen. Seit einiger Zeit werden immer wieder Hengste aus Norwegen importiert, die vom Gebäude und vom Typ her meistens sehr kräftig und mit viel Fundament ausgestattet sind. In einigen Gegenden Deutschlands, wie zum Beispiel in Hessen oder Schleswig-Holstein, wurde aber von Beginn an der trockenere Typ bevorzugt.

Die seit vielen Jahren konsequent betriebene Reinzucht trägt jetzt Früchte: Die typischen Rassemerkmale wie Langlebigkeit, Fruchtbarkeit und das gute Interieur haben sich gefestigt. Innerhalb Deutschlands gibt es verschiedene Landespferdezuchten. Die Zuchtbuchführung der Fjordpferde obliegt den jeweiligen Ponyzuchtverbänden in den einzelnen Bundesländern. Man verfolgt trotzdem ein gemeinsames Zuchtziel. Alle süddeutschen Ponyzuchtverbände veranstalten zum Beispiel einmal im Jahr eine gemeinsame Hengstkörung. Sie findet traditionell im Herbst im hessischen Alsfeld statt. In Zukunft wird sich wohl der schon bestehende Trend immer mehr durchsetzen, dass sich die regionalen Pferdezuchtverbände weiter zusammenschließen, sodass es sicher irgendwann nur noch einen Bundespferdezuchtverband geben wird.

Es gibt unterschiedliche Typen von Fjordpferden. Vor 1900 waren sie drahtig und eher leicht – ähnlich dem heute modernen Typ.

Den ganz schweren Wirtschaftstyp, den man nach dem Zweiten Weltkrieg oft in der Landwirtschaft verwendete, findet man heute eher selten.

# Die großen Ponys mit dem EINHEITSLOOK

Alle Fjordpferde sind bekanntlich Falben. Deshalb ist es auf den ersten Blick gar nicht so einfach, die verschiedenen Farbvarianten auseinanderzuhalten.

Genau das war (und ist auch heute noch) der Grund, warum viele Reitersleute – wenn sie eine Gruppe Fjordpferde auf einem Turnier oder auf einer Fuchsjagd treffen – rufen: „Da kommt die gelbe Gefahr!" Zu einem Teil war es bestimmt ein wenig anerkennend gemeint, weil sie wussten, dass die Gelben immer bei dem Run auf die vorderen Plätze mitmischen würden, und daran hat sich bis heute nichts geändert. Zum anderen ist es, wie gesagt, für Außenstehende auch nicht leicht, die verschiedenen Nuancen der Falben zu erkennen.

## Ein gutes Pferd hat keine Farbe – aber einen Aalstrich!

Man muss schon ein wenig genauer hinschauen, um die verschieden Farbschattierungen bei Fjordpferden unterscheiden zu können. Hilfreich dabei ist der bei allen Fjords sichtbare Aalstrich, der vorn im Schopf des Pferdes beginnt und sich durch die zweifarbige Mähne über den Rücken bis in den Schweif fortsetzt. Ebenso hat jedes Fjordpferd die typischen Zebrastreifen an den Beinen, die mal mehr, mal weniger deutlich ausgeprägt sind.

Vergleicht man die Farben der Fjordpferde mit den Grundfarben anderer Pferderassen und bedenkt man, dass das Fjordpferd

*Der Aalstrich zieht sich vom Schopf durch die Mähne und über den ganzen Rücken bis in den Schweif.*

den genetisch fixierten Faktor für die Wildfarbe – der unter anderem die Grundfarbe aufhellt – in sich trägt, dann entspricht der Braunfalbe dem Braunen, der Rotfalbe dem Fuchs und der Graufalbe dem Rappen. Das sind die Grundfarben der Fjordpferde. Durch zusätzliche sogenannte Verdünnungsfaktoren ergeben sich weitere Schattierungen.

Alle Fohlen haben in den ersten Lebensmonaten eine hellbeige Farbe. Erst wenn sie ihr typisches Fohlenfell verlieren, kann man erkennen, welche dauerhafte Farbe sie bekommen. Am weitesten verbreitet bei den Fjordpferden ist der Braunfalbe. Dabei variiert die Fellfarbe von Hellbeige bis Hellbraun, der Aalstrich ist tief dunkelbraun bis schwarz. Häufig haben die Braunfalben Zebrastreifen an den Beinen und eine helle Maul- und Nasenpartie, das sogenannte Mehlmaul.

Bei den Rotfalben unterscheidet man zwischen Hellrotfalben, Rotfalben und Dunkelrotfalben. Mähne und Schweif sind fast weiß und der Aalstrich ist braun bis rötlich.

*Die Zebrastreifen an den Beinen kommen bei fast allen Fjordpferden mehr oder weniger deutlich zur Geltung. Sie sind deutliche Kennzeichen der Wildfärbung.*

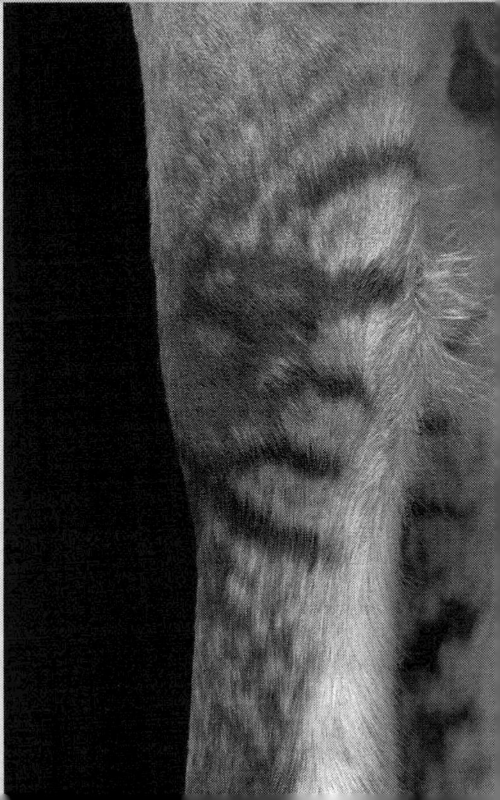

Die Graufalben haben immer ein dunkleres Gesicht und im Gegensatz zu den Braun- und Rotfalben immer eine schwarze Maulpartie. Der Aalstrich und die Zebrastreifen sind ebenfalls schwarz.

Hellfalben sind die Braunfalben, die einen weiteren Verdünnungsfaktor besitzen. Sie haben ein naturwollfarbenes Fell. Auch die Mähne und der Schweif sind fast weiß. Der Aalstrich ist aber schwarz.

So, sind Sie jetzt immer noch der Meinung, dass alle Fjordpferde gleich aussehen?

## Exterieur und Rassestandards

Von seiner Erscheinung und seinem Charakter her ist das norwegische Fjordpferd ein großes Pony (in Deutschland werden Pferde als Ponys bezeichnet, wenn das durchschnittliche Stockmaß ihrer Rasse höchstens148 Zentimeter Widerristhöhe beträgt). Daran soll sich auch trotz aller Zuchtverbesserung nichts ändern. Trotzdem hat sich sein Äußeres zusammen mit seinem Nutzungszweck im Laufe der letzten Jahrzehnte verändert.

Das heutige Fjordpferd hat mit dem schweren, etwas schwerfälligen Mini-Kaltblüter von einst, der vor allem als Traktor des kleinen Mannes diente und als Arbeitspferd in landwirtschaftlichen Betrieben eingesetzt wurde, nicht mehr viel gemeinsam.

*Braunfalbe*

*Graufalbe*

*Hellfalbe*

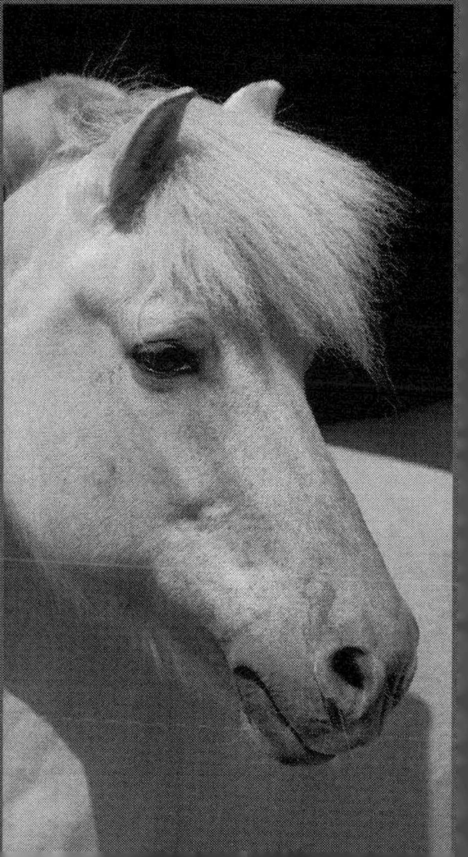

*Rotfalbe*

*In der Zucht legt man heute besonderen Wert darauf, die guten Reitpferdeeigenschaften des Fjordpferdes zu fördern.*

Zwar unterscheidet sich das heutige Zuchtziel der Fjordpferde immer noch deutlich von dem der Reitponys, aber bedingt durch den Nutzungswandel legt man nun doch viel mehr Wert auf die guten Reitpferdeeigenschaften und darauf, dass sich das Fjordpferd auch als elegantes Fahrpferd eignet. Diese Umzüchtung wurde aber ausschließlich durch strenge Selektion und Reinzucht erreicht. Die Versuche, andere Rassen einzukreuzen, wurden schnell wieder eingestellt. Die Methode der Reinzucht hatte gegenüber der sogenannten Kreuzungszucht den besonderen Vorteil, dass die bewährten und gewünschten guten Eigenschaften der Rasse erhalten blieben und man sich dem gewünschten Exterieur schrittweise nähern konnte.

Natürlich dauert dieser Prozess ein paar Generationen länger, es ist aber der sicherere Weg. Bei Pony- und Pferderassen, die mit Fremdblut – ob Vollblut oder Araberblut – aufgepeppt wurden, waren die Nachkommen zwar schon nach einer Generation oft viel spritziger, sie hatten aber auch ein wesentlich schwierigeres Temperament, und der Umgang mit ihnen wurde nicht selten zum Problem.

Es gibt zwar immer noch die etwas schwereren und etwas eleganteren Typen von Fjordpferden, aber sie sollen gleichermaßen gut zum Reiten und Fahren geeignet sein. Welches Kaliber man bevorzugt, ist persönliche Geschmackssache. Das durchschnittliche Körpergewicht liegt zwischen 380 und 550 Kilogramm.

Das Fjordpferd ist langlebig und fruchtbar. Es gibt viele Stuten, die in ihrem Leben 14 und mehr Fohlen zur Welt gebracht haben. Laut den festgelegten Richtlinien des Ursprungslandes Norwegen strebt man als Zuchtziel folgenden Rassestandard an: Der trockene Kopf soll rassetypisch mit einem geraden oder leicht konkaven Nasenrücken und markanten Backenknochen sein. Die kleinen, wohlgeformten Ohren sollen weit auseinanderstehen. Die großen dunklen Augen wirken ruhig und klar, sie spiegeln die Intelligenz und einen gutmütigen Charakter wider. Der Hals soll genügend lang sein und sich zum Kopf hin verjüngen. Ein kräftiger Unterhals ist unerwünscht. Man wünscht sich eine große freie Schulter, die schräg angelegt sein soll, um dem Pferd viel Raumgriff in den Bewegungen zu ermöglichen. Der Widerrist soll eine gute Sattellage zulassen und harmonisch in den Rücken verlaufen, der genügend lang, aber nicht zu lang sein sollte. Das Fjordpferd steht im Rechteckformat. Die Kruppe, die der Motor des Pferdes ist, wünscht man sich leicht schräg und genügend lang mit kräftigen Muskeln, sodass sie viel Schubkraft erzeugen kann. Die Gliedmaßen, das sogenannte Fundament, sollen möglichst korrekt gestellt sein, damit kein vorzeitiger Verschleiß entsteht. Die einzelnen Knochen und Gelenke sollen also gerade und im richtigen Winkel zueinander stehen. Allerdings wird eine leichte zehenweite Stellung nur als Schönheitsfehler betrachtet. Es wird sehr viel Wert auf ausgeprägte Gelenke, eine nicht zu steile Fesselung und gesunde, zum Pferd passende Hufe gelegt.

Im Schritt soll das Fjordpferd taktrein, ergiebig und fleißig, aber nicht eilig schreiten. Den Trab wünscht man sich raumgreifend und den Galopp gesetzt und bergauf.

Insgesamt wird ein typvolles, robustes und korrekt gebautes Pferd mit einwandfreiem Temperament und Charakter gezüchtet, das aufgrund seiner Gutmütigkeit und Umgänglichkeit für Reit- und Fahrzwecke aller Art gleichermaßen geeignet ist.

*Fjordpferde gelten als sehr langlebig und fruchtbar. Es wird großer Wert auf Reinzucht gelegt.*

*Die Bewegungen sollen taktrein und raumgreifend sein.*

# Mehr Sein als Schein: DAS INTERIEUR

Das norwegische Fjordpferd ist für seinen goldenen Charakter berühmt. Es hat ein überaus freundliches und gutmütiges Wesen und sein Nervenkostüm ist in der Regel sehr ausgeglichen und konstant. Deshalb können auch noch nicht so erfahrene Reiter und Pferdefreunde mit ihm bedenkenlos umgehen.

Wie fast alle Robustpferderassen ist das Fjordpferd als sogenanntes Wochenendpferd geeignet. Das heißt: Bei entsprechend artgerechter Haltung, möglichst im Offenstall, muss ein Fjordpferd nicht jeden Tag in der Woche geritten werden, damit es seinen anständigen Charakter behält. Es ist auch nach einer längeren Pause sofort wieder einsatzbereit, ohne dass es sich erst einmal ausbuckeln muss.

Dies bedeutet aber nicht, dass Fjordpferde etwa von ihrem Temperament her faul oder träge wären. Im Gegenteil! Für ihren Arbeitswillen und ihre Leistungsbereitschaft sind sie bekannt, und es ist schon sehr beeindruckend, mit welchem Eifer sie an ihre Aufgaben herangehen. Wenn diese Pferde erst einmal verstehen, was der Mensch von ihnen will, können sie eine ganz erstaunliche Eigeninitiative entwickeln.

Ich trainierte einmal mit einem Junghengst das Freispringen für die Körung. Nachdem er einige Male die Sprungreihe ordentlich und fehlerfrei überwunden hatte, hörten wir auf, ich senkte die Longierpeitsche und ließ ihn noch ein paar Minuten frei in der Halle laufen, damit er ein bisschen verschnaufen und sich beruhigen konnte. Gerade drehte ich mich um und wollte mit einem Zuschauer ein paar Worte wechseln, als ich sah, dass der Hengst völlig selbstständig und ohne jede Aufforderung und Anleitung sein Freispringen einfach fortsetzte und in allerschönster Manier die Reihe, auch den hohen Oxer, ganz von allein sprang. Sicher dachte er nun: „Tja, gelernt ist halt gelernt!"

Ein anderes Mal lahmte eines unserer Lehrpferde, das wir zum Einfahren von Jungpferden immer mit anspannten, und konnte deshalb nicht gefahren werden. Das ältere Pferd soll dem Jüngling die Angst nehmen und ihm die nötige Ruhe und das Vertrauen für die neue Aufgabe vermitteln. Also entschloss ich mich dazu, aus der Not heraus noch einmal unsere 32 Jahre alte

Pferdeoma, die schon über ein Jahr im Ruhestand war, für eine kleine Schrittrunde ins Geschirr zu nehmen.

Aber unsere „Old Anja" war noch nicht ganz angespannt, als sie ungeduldig anfing zu scharren und keine Sekunde mehr ruhig stehen bleiben wollte. Während der gesamten Strecke legte sie sich derart ins Geschirr und zog die Kutsche mit so einem Elan und Arbeitswillen ganz allein, dass sie dem Jungpferd nicht einmal die Chance ließ, selbst zu ziehen. Aus Angst, das alte Pferd zu überfordern, beendete ich vorzeitig die Tour. Aber Anja stand nun völlig zufrieden und seelenruhig vor dem Wagen und wartete gespannt auf neue Taten.

## Lerneifer inklusive

Die rasche Auffassungsgabe, die übrigens bei fast allen Ponyrassen zu beobachten ist, hat natürlich auch eine zweite Seite. Die Tiere beobachten uns Menschen und unser Verhalten ständig, und dadurch lernen sie erstaunlich schnell unsere Gestik und Mimik zu deuten, was nicht immer nur positiv für uns ist. Sie sind auch sehr empfänglich für Zwischentöne, sodass sie eine gewisse Unsicherheit in der Stimme sehr schnell enttarnen können, indem sie gegebene Kommandos einfach nicht ausführen.

*Das Steigen ist eine schöne Lektion, die die meisten Pferde sehr schnell lernen. Es kann aber auch zu einer schlechten und nicht ungefährlichen Angewohnheit und Untugend werden.*

*Fjordpferde sind keine Tiere, die nur mit ihrer Schönheit blenden – obwohl sie das wirklich könnten.*

Sie merken sich jede Inkonsequenz und Unsicherheit im Umgang mit ihnen und versuchen, diese zu ihrem Vorteil auszunutzen.

Ein Pferd ist und bleibt bei aller Liebe ein Pferd. Jede Art von Vermenschlichung kann es nicht verstehen. Deshalb kann es fatale Folgen haben, wenn wir es im Unterbewusstsein als Partner- oder Kinderersatz betrachten. Durch diesen verklärten Blick werden wir unsere notwendige konsequente Haltung gegenüber dem Pferd verlieren, und es wird uns nicht mehr als den ranghöheren Partner betrachten. Es wird uns dann bei jeder Gelegenheit auf der Nase herumtanzen. Interpretieren Sie keine Gefühlsregungen in ein Pferd hinein, zu denen es als Tier nicht fähig ist.

Pferde können auch sehr gut Dinge miteinander kombinieren. Wer zum Bespiel sein Pferd beim Putzen oder wann immer es bettelt mit Leckerlis füttert, muss sich nicht wundern, wie schnell das Pferd gelernt hat, dass Betteln zum gewünschten Erfolg führt. Natürlich hat jedes Fjordpferd als Individuum seine ganz speziellen Vorlieben und Abneigungen. So lieben zum Beispiel manche Pferde Wasser über alles und planschen für ihr Leben gern, während andere konsequent einen Bogen um jede noch so kleine Pfütze machen.

Fjordpferde lieben wie alle Pferde ihre Regelmäßigkeiten im Leben. Pünktliche Fütterungszeiten sind ein Muss. Haldor, unser alter Wallach, bestraft schon zehn Minuten Verspätung bei der Frühration mit bösem Treten vor die Boxentür. Diesbezüglich haben Pferde die reinste Beamtenmentalität.

Ein Kollege, dessen Reitstall direkt neben einer Kirche liegt, erzählte mir einmal, dass seine alte Fjordstute, die schon lange im Schulbetrieb lief, immer von allein auf die Mittellinie ging, wenn die Kirchturmuhr zur vollen Stunde schlug, um die Reitstunde selbstständig zu beenden. Eines Tages sollte die Stute zwei Schulstunden hintereinander laufen, aber das Pony war nicht mehr dazu zu bewegen, wieder von der Mittellinie zu gehen. Als die Kirchturmuhr Viertel nach schlug, lief sie mitsamt ihrem protestierenden Reitschüler im Sattel schnurgerade aus der Reithalle heraus und in ihren Stall hinein.

Die meisten Fjordpferde genießen das tägliche Schmusen mit „ihren" Menschen sehr.

Wenn ein Fjordpferd schonend und vernünftig ausgebildet worden ist, ist es immer wieder eine Freude, mit anzusehen, wie gern und fleißig diese leistungsbereiten Ponys ihre Aufgaben erfüllen. Wenn man es verstanden hat, die Tiere zur Mitarbeit zu bewegen, geben sie ihre ganze Kraft, ihren Mut und ihre Pfiffigkeit, um dem Menschen zu dienen. Es ist eine alte Weisheit, dass ein Pferd, so wie alle anderen Tiere auch, im gleichen Maße an Persönlichkeit gewinnt und anfängt zu strahlen, wie wir Liebe und Zuneigung an das Pferd geben und uns ausgiebig mit ihm beschäftigen.

Fjordpferde gehören nicht zu den Exemplaren der Gattung Pferd, die nur mit ihrer Schönheit blenden, sondern sie versuchen auch immer mit ganzem Herzen, die an sie gestellten Aufgaben zu erfüllen. Das erkennt jeder spätestens dann, wenn er das erste Mal mit einem Fjordpferd gearbeitet hat. Sie wurden schon von vielen Pferdeleuten, die die Rasse nicht kannten, zuerst belächelt und nachher bestaunt. Oft kann man einen Kommentar wie diesen hören: „Wenn man die so sieht, würde man nie glauben, was die alles können." Aber auch wirklich erfahrene Ausbilder haben Fjordpferde schon oft unterschätzt und mussten im Nachhinein ihr Vorurteil revidieren. Es ist eben das Motto von Fjordpferden: mehr Sein als Schein!

Gern verzeihen Fjordpferde auch Fehler im Umgang und beim Reiten. Diese Tatsache macht sie neben der handlichen Größe und den bequem zu sitzenden Gängen zu beliebten Schulpferden. Aber wehe, man nutzt ihre angeborene Gutmütigkeit durch ständige zu grobe Behandlung aus! Oder man überfordert sie dauerhaft geistig und körperlich, weil man Dinge von ihnen verlangt, die sie aufgrund einer fehlenden oder mangelhaften Ausbildung nicht leisten können! Dann gibt es kaum ein Pferd, das dermaßen sauer und stur reagieren kann wie ein Fjordpferd. Diese Sturheit, die eigentlich nur eine konsequente Reaktion auf ungerechte Behandlung ist, prägt auch immer wieder das Rasseimage, das Unwissende über den „sturen Norweger" verbreiten.

Ist ein Fjordpferd erst einmal richtig verdorben, dann kann es stur sein wie ein Büffel. Es reagiert wie eine Maschine und verschließt sein Inneres, ähnlich wie ein autistischer Mensch. Und es ist sehr schwierig – sofern es überhaupt gelingt –, solch ein Tier wieder zu korrigieren, wenn sein natürliches Vertrauen zum Menschen nachhaltig missbraucht wurde oder es den Menschen nie als ranghöheren Partner zu akzeptieren gelernt hat. In den meisten Fällen wird es immer ein Problempferd bleiben, auf das man sich nicht mehr verlassen kann.

Zum Glück sind Fjordpferde aber sehr menschenbezogene Tiere, die den engen Kontakt zu ihren vertrauten Menschen und die damit verbundenen Schmuse- und Streicheleinheiten sehr genießen. Vor allem wenn man ein Fjordpferd in einer Einzelbox halten muss, kommt es sogar häufig vor, dass es seinen Menschen mit Gebrummel oder leisem Gewieher begrüßt, was ein großes Kompliment für den Menschen ist.

*Noch so ein kleines Pferdekind – aber schon ein richtig guter Kumpel.*

## Echt coole Typen

*Manche Fjordpferde sind sogar echte „Seepferdchen" und lieben Wasser.*

Die Urinstinkte und Triebe sind bei einem Fjordpferd noch sehr ausgeprägt. Entwicklungsgeschichtlich gesehen stammen sie nicht aus der offenen Steppe, sondern aus den nördlichen Tundren, aus Gegenden mit viel dichtem Wald, steilen Felsen und Klippen. Deshalb konnten sie bei einer plötzlich auftretenden Gefahr nicht einfach Hals über Kopf in wilder Panik flüchten, sondern sie mussten erst einmal die Situation richtig erfassen und einschätzen. Dann mussten sie prüfen, ob eine Flucht überhaupt notwendig und möglich war. Diese Coolness, das richtige Einschätzen der Situation und die Nervenstärke haben sie früher oft vor bösen Stürzen und Unfällen geschützt und machen heute noch einen großen Teil ihres regulierbaren Temperamentes und ihrer Zuverlässigkeit aus. Sie behalten meistens auch in kniffligen Situationen einen kühlen Kopf, schauen sich die Ursache der möglichen Gefahr erst einmal an und reagieren meistens noch auf die Einwirkung des Menschen.

Sicher ist auch bei Fjordpferden das Temperament individuell verschieden. Aber es ist durchaus keine Seltenheit, dass Sie mit einem gut ausgebildeten Fjord ganz gelassen neben einem arbeitenden Mähdrescher hergaloppieren können. Wenn bei einem Ausritt mit Ihrem Fjordpferd plötzlich ein laut kläffender Hund auf Sie zustürmt, ist es wahrscheinlich, dass das Pferd nicht panisch davonläuft und durchgeht, sondern sich dem Hund stellt und ihn mitunter sogar angreift. Mehrfach konnte ich schon beobachten, wie Hunde von Spaziergängern oder Jägern in unsere Aufzuchtweiden liefen, um unsere Junghengste zu jagen – und dann selbst ein paar Minuten später vor den Hengsten flüchtend das Weite suchen mussten.

# Das A und O: eine sorgfältige AUSBILDUNG

Wie alle Ponyrassen sind auch Fjordpferde typische Spätentwickler. Sie sind erst im Alter von sechs bis sieben Jahren voll ausgewachsen. Deshalb sollte man sie möglichst erst dreijährig einspannen und vierjährig mit dem Reiten anfangen.

Die Grundausbildung beginnt aber zweckmäßigerweise schon im Fohlenalter. Genau genommen sollte sie schon ab den ersten Lebenstagen erfolgen. Denn: „Was Hänschen nicht lernt ..." Durch einen vernünftigen und konsequenten Umgang lernt das kleine Pferdekind ganz nebenbei schon von Anfang an, dass der Mensch immer das ranghöchste Mitglied der Herde ist. Beschäftigt man sich bereits kurz nach der Geburt des Fohlens häufig und intensiv mit der Mutterstute, wird die Neugier des Fohlens bald so groß sein, dass es sich vom Menschen anfassen und streicheln lässt. Schon nach wenigen Tagen kann man das Fohlen mit dem Halfter vertraut machen und ihm beibringen, sich führen zu lassen. Auch das Aufheben der Hufe sollte dem Fohlen möglichst bald beigebracht werden, da die Körperkraft in den ersten zwei Monaten noch kontrollierbar ist. In dieser Zeit kann man noch mühelos klarmachen, dass ein Wegziehen der Hufe zwecklos ist. Je eher Sie einem Fohlen diese grundlegenden Dinge beibringen, desto weniger müssen Sie mit Widerstand rechnen.

In den ersten drei Lebensjahren sollten Sie dem Jungpferd eine möglichst artgerechte Aufzucht in einem Herdenverband von gleichaltrigen Jungtieren ermöglichen. In der Gruppe kann es am besten sein natürliches Sozialverhalten, vor allem Durchsetzungsvermögen und Unterordnung, lernen und ausleben. Die Aufzucht in einer Herde mit Gleichartigen kann kein noch so umsorgender Mensch dem Pferd ersetzen. Natürlich kann man sich aber auch in der Aufzuchtphase mit dem Jungpferd beschäftigen. Neben kleinen Spaziergängen mit dem Pferd, bei denen es lernt, gelegentlich von der Herde getrennt zu sein, können wir das Pferd schon spielerisch mit der Bodenarbeit vertraut machen. Zum einen können wir durch Bodenarbeit unsere Dominanz gegenüber dem Jüngling festigen: Das junge Pferd muss lernen, unseren Willen zu akzeptieren. Zum anderen können wir es mit allen möglichen Dingen

vertraut machen und an Umstände gewöhnen, die es noch nicht kennt.

So wird eine gute Grundlage für spätere Aufgaben geschaffen. Im Laufe der Zeit wird nach und nach die Ausbildung des Pferdes über seine angeborenen Instinkte siegen und es wird immer gehorsamer auf den Menschen reagieren. Egal, ob das Pferd zuerst eingeritten oder eingefahren werden soll: immer ist es wichtig, dass Sie das Pferd langsam und mit viel Zeit an neue Dinge heranführen, die Sie mit ihm üben

*Im Fohlenalter wird der Grundstein für eine fundierte Ausbildung gelegt, die sich später im gesamten Verhalten des erwachsenen Pferdes widerspiegeln wird.*

*Das junge Pferd lernt bei richtiger Erziehung schnell, sich korrekt führen zu lassen – als Basis für eine erfolgreiche Partnerschaft zwischen Mensch und Tier.*

*Das Longieren nimmt einen wichtigen Platz bei der Pferdeausbildung ein.*

möchten. Viel Lob und beruhigende Worte helfen dem jungen Tier zu verstehen, was nun von ihm erwartet wird. Wenn Sie merken, dass es nicht bereitwillig mitmacht, dann gehen Sie lieber einen Schritt in der Ausbildung zurück und festigen Sie das bereits Gelernte noch einmal. Ein junges Pferd ist schnell überfordert, wenn es auf viele Dinge gleichzeitig aufpassen muss. Dann kann es nicht mehr alles auf einmal geistig verarbeiten und nicht mehr lernen. Es ist deshalb auch sinnvoll, die einzelnen Übungseinheiten nicht zu lang zu gestalten. Bitte denken Sie daran, dass manche Pferde schneller und andere langsamer lernen.

Je nach Entwicklungsstand kann man mit dem Anlongieren beginnen, wenn das Pferd etwa zweieinhalb bis drei Jahre alt ist. Idealerweise benutzt man dazu einen rund eingezäunten Platz, den so genannten Longierzirkel oder Roundpen. Diesen kann man sich ohne große Mühe selbst auf einer Wiese abgrenzen. Der Durchmesser sollte mindestens zwölf Meter betragen.

Machen Sie das junge Fjordpferd in aller Ruhe mit sämtlichen Ausrüstungsgegenständen bekannt, die es ruhig auch beriechen darf. Bei der Auswahl der Grundausrüstung sollten Sie vor allem auf gute Passform und Zweckmäßigkeit achten.

Beim ersten Auftrensen hat es sich bewährt, dass man dem Pferd zusammen mit dem Gebiss ein Leckerli (oder etwas anderes Schmackhaftes) ins Maul schiebt. Durch den natürlich ausgelösten Kaureflex wird das störende Metallteil im Maul gar nicht mehr so ernst genommen. Wenn der bisherige Umgang mit dem jungen Tier ruhig und sachlich erfolgt ist, ist es überhaupt kein Problem, es nun nach und nach an einen Longiergurt, einen Sattel oder an das Geschirr zu gewöhnen.

Wenn das Pferd das Tragen der Ausrüstungsgegenstände akzeptiert hat, sind Sie genau an dem Punkt angelangt, an dem

Sie sich sehr selbstkritisch fragen sollten, ob Sie die weitere Grundausbildung des Pferdes persönlich durchführen wollen oder ob Sie sich doch besser an einen Fachmann wenden.

Alle Erfahrungen – gute ebenso wie schlechte –, die das junge Pferd während der Ausbildung sammelt, wird es sich merken und darauf sein Verhalten abstimmen. Nur wer selbst über ein großes reiterliches Können oder über viel Erfahrung beim Fahren verfügt, ist in der Lage, dem Pferd zu vermitteln, was man von ihm erwartet. Die eigentliche Gefahr beim Einreiten oder Einfahren von Fjordpferden entsteht durch ihren guten Charakter. Weil sie von Natur aus sehr brav sind, lassen sie meist am Anfang alles mit ihrer grenzenlosen Zuversicht über sich ergehen, und man wird immer wieder dazu verführt, viel zu schnell viel zu viel von ihnen zu verlangen. Aber wenn es nur zum allerkleinsten Zwischenfall kommt, das Pferd sich plötzlich erschrickt, einen Druckschmerz spürt oder es sich einfach überfordert fühlt, dann ist es sehr ratsam, einen Fachmann dabeizuhaben, der dank viel Erfahrung und Können weiß, wie man diese Situation wieder entschärft, ohne dass eine ernste Panik entsteht. Und wie bereits mehrfach erwähnt merken sich Pferde diese Dinge oft ein Leben lang. Außerdem baut eine weitere Ausbildung, egal in welche Richtung sie geht, immer nur auf einer fehlerfreien und vertrauensvollen Grundausbildung auf.

*Das Einfahren des jungen Fjordpferdes sollte unbedingt nur von Fachleuten durchgeführt werden.*

*Mit einem gut ausgebildeten Fjordpferd können Sie immer erfolgreich gegen andere Rassen bestehen.*

Wir haben oft genug junge Pferde zur Korrektur von Besitzern auf dem Hof, die selbst versucht haben, das Pferd einzureiten und auszubilden und dann eine böse Überraschung erlebt haben, weil sie in manchen Situationen hoffnungslos überfordert waren. Solch ein Pferd wieder (oder überhaupt) zu einem zuverlässigen Freizeitpartner zu erziehen, ist sehr langwierig. Deshalb überlassen Sie die Ausbildung Ihres Pferdes wirklich Fachleuten. Das Geld, das Sie für eine ordentliche Grundausbildung ausgeben, ist sicher die beste Investition in Ihr Pferd, die Sie tätigen können, denn Sie macht sich ein ganzes Pferdeleben lang bezahlt.

Nicht von ungefähr mahnten schon vor mehr als Tausend Jahren die alten Meister zu einer vorsichtigen und umsichtigen Ausbildung von Pferden: „Die Anmut und das Wesen eines jungen Pferdes ist wie eine Blume, die blüht und die es zu behüten gilt. Wenn man es einmal verdirbt, wird sie verwelken und blüht nie mehr wieder." Das Fjordpferd hat dann seine Ausbildung erfolgreich abgeschlossen, wenn es sich bei der Arbeit so ausdrucksstark zeigt, wie es sich in der Natur voller Stolz präsentieren würde, wenn es schön sein will und imponieren möchte.

# Ein FALBE für alle Fälle

Fjordpferde gehören zwar nicht zu den Pferderassen, mit denen Sie olympische Goldmedaillen gewinnen können. Sie siegen sicher mit ihnen auch in keinem Pferderennen. Aber ihr gutmütiges und ausgeglichenes Wesen macht sie in Verbindung mit ihrer hohen Leistungsbereitschaft zu einer der vielseitigsten Pferderassen überhaupt. Fjordpferde sind keine einseitig geprägten Hochleistungssportler, sondern sie erfüllen bei sorgsamer Förderung die ganze Bandbreite an Anforderungen, die man in der heutigen Zeit an ein Freizeit- und Familienpferd stellt. Das heißt aber nicht, dass Fjordpferde für den Sport nichts taugen. Doch die Natur hat ihnen nun einmal durch die Konstruktion ihres Körperbaus Grenzen gesetzt.

Es gibt ab und zu Fjordpferde, die in der Dressur bis zur schweren Klasse ausgebildet sind. Unter ihren Reitern zeigen sie Lektionen wie zum Beispiel Piaffe, Passage und fliegende Galoppwechsel. Aber wenn man ehrlich ist – und nicht blind vor lauter Liebe zu den Falben –, muss man eingestehen, dass ihre Bewegungen lange nicht die Kadenz und den Raumgriff eines Warmblüters haben.

Hier und da gibt es auch Fjordpferde, die bis 150 Zentimeter hoch springen können, vielleicht sogar mit ihren Reitern. Ich möchte sogar behaupten, dass die meisten Fjordpferde ganz ordentlich springen können (na ja, wenigstens im Vergleich zu anderen Ponyrassen). Trotzdem wäre es unverantwortlich, mit ihnen schwere Springprüfungen zu

*Ein Fjordpferd ist für alle möglichen Späße zu haben.*

reiten, denn sie sind einfach nicht dafür gezüchtet worden, und wir würden ganz schnell ihre robuste Gesundheit kaputt machen.

Dafür haben Fjordpferde einen anderen großen Vorteil: Sie sind ganz hervorragende Allroundpferde, die man in fast allen Disziplinen des Pferdesports einsetzen kann.

## Familienpferd: Für Freizeit und Gelände

Am häufigsten wird das Fjordpferd wohl als klassisches Freizeitpferd eingesetzt. Dafür ist es auch geradezu prädestiniert. Und was gibt es Schöneres zum Abschalten und Entspannen als einen schönen Ausritt? Ein Geländeritt auf einem verlässlichen, fleißigen Pferd ist eine wunderschöne Freizeitbeschäftigung. Sie können das Hobby Pferd ebenso allein wie auch zusammen mit der Familie betreiben, es gibt unendlich viele Möglichkeiten der Gestaltung.

Viele Vereine und allerlei Gemeinschaften von Gleichgesinnten bieten sehr schöne und abwechslungsreiche Veranstaltung für Freizeit- und Geländereiter an. So gibt es zum Beispiel Orientierungsritte, bei denen nach Karten und Kompass geritten wird. Oder Sternritte, bei denen viele Reiter von allen möglichen Startpunkten aus zu einem gemeinsamen Ziel reiten.

*Ein Ausritt durch die Natur auf verlässlichen Fjordpferden ist einfach herrlich.*

*Mit seinen vier Fjordpferden hatte Alfred Köppen quasi ein Abonnement auf Meistertitel. Sein Sohn tritt erfolgreich in seine Fußstapfen.*

Sehr beliebt sind auch die Rallyes. So heißen Geländeritte, bei denen an verschiedenen Stationen kleine Geschicklichkeitsaufgaben erfüllt werden müssen.

Auch das Interesse an Wanderritten ist groß. Es gibt die unterschiedlichsten Touren, das Netz der Übernachtungsstationen für Ross und Reiter wird jährlich dichter, und es werden immer mehr Wege für Wanderreiter ausgewiesen. Geht man mit einer Gruppe von verschiedenen Pferderassen auf einen Wanderritt, ist es nett zu beobachten, wie am ersten Tag die Großpferde vorneweg preschen, bevor ab dem zweiten oder dritten Tag die Warmblüter ihr Pulver verschossen haben, die Fjordis den Spieß umdrehen und nun das Feld anführen. Wer auch beim Geländereiten mehr Leistungssport betreiben will, kann mit seinem Fjordpferd auch erfolgreich an Distanzritten teilnehmen. Aber wie in allen Disziplinen muss auch hier ein gutes und sinnvolles Training dem Wettkampf vorausgehen.

## Fahrpferd: Erfolgreich bis zu den Weltmeisterschaften

Schon seit vielen Jahrhunderten legen sich Fjordpferde für den Menschen so richtig ins Geschirr. In Norwegen waren sie die Vorgänger des heutigen Bus- und Bahnverkehrs. Sie zogen meistens den sogenannten Skydskärren, einen einachsigen, kleinen Wagen mit sehr hohen Rädern. Für diese Art der Personenbeförderung gab es überall im

*Gute Fahrpferde müssen vor der Kutsche mindestens ebenso fein auf die Hilfen reagieren wie unter dem Sattel.*

Land richtige Haltestationen, ähnlich wie Bushaltstellen. Noch bis nach dem Zweiten Weltkrieg wurden die Fjordpferde in Norwegen von vielen Kleinbauern als Zugtiere für die Milchwagen und andere Güter benutzt. Aber auch hier hat die Technik mittlerweile die Pferde verdrängt.

Zum Glück für die Rasse wurde das Fahren mit der Kutsche aber immer mehr als Sport- und Freizeitbeschäftigung entdeckt. Es ist ein wunderschönes Bild, wenn ein schmuckes Fjordpferd vor dem traditionellen landestypischen Einspänner eifrig trabt. Aber auch im Zwei- oder Vierspänner sind Fjordpferde, nicht zuletzt durch ihr einheitliches Aussehen, eine attraktive Erscheinung.

Wieder ist es ihrem vorzüglichen Interieur zu verdanken, dass fast alle Fjordpferde auch im Geschirr sehr zuverlässig und verkehrssicher ihren Job verrichten. Selbstverständlich ist auch hier Voraussetzung, dass sowohl Fahrpferd als auch Kutscher eine gründliche Ausbildung erhalten haben. Jeder, der es einmal versucht hat, wird bestätigen, dass ordentliches (!) Fahren fast noch schwieriger ist als richtiges Reiten. Denn sollten tatsächlich mal die Pferde scheu werden, hat der Reiter immer noch wesentlich mehr Einwirkung auf das Pferd als der Fahrer auf dem Kutschbock.

Nach dem Schwerpunkt der Ausbildung seiner Kutschpferde gefragt, berichtete mir allerdings ein alter Fahrsportler mal seine ganz eigene Weisheit: „Das Wichtigste für mich ist, dass meine Kutschpferde alle die Wirtschaftsprüfung haben." Als ich ihn ganz erstaunt fragte, was denn unter einer Wirtschaftsprüfung zu verstehen sei, meinte er ganz trocken: „Na ja, sie müssen alle so lange ruhig vor der Wirtschaft stehen bleiben, bis ich wieder rauskomme und sie dann abhole!"

Das Beherrschen des sogenannten Achenbachsystems sollte für jeden, der Kutsche fahren möchte, genauso selbstverständlich sein wie eine sichere, funktionstüchtige und passende Ausrüstung. Es gibt eine sehr große Anzahl verschiedener Kutschen. Die Wahl des Kutschenmodells richtet sich danach, welche persönlichen Vorlieben man beim

*Eine gemütliche „Kaffeefahrt" ins Grüne macht der ganzen Familie viel Spaß.*

Fahren hat und mit wie vielen Pferden man fahren möchte.

Dass Fjordpferde nicht nur zur sonntäglichen Kaffeefahrt taugen, beweisen die vielen sportlichen Erfolge der Falben als Fahrpferde auf Turnieren. Der vielfache hessische Meister Alfred Köppen aus Offenthal ist zum Beispiel mit seinem Viererzug sehr erfolgreich bei deutschen Meisterschaften, Europameisterschaften und sogar Weltmeisterschaften dabei. Auch auf vielen ländlichen Fahrturnieren ist ein gutes Fjordpferdegespann immer ein Garant für eine vordere Platzierung. Mit viel Nerv, Geschick und Kraft lassen sich Fjordpferde souverän durch den Parcours steuern und passieren auch die schwierigsten Hindernisse.

## Dressurpferd: Sie lernen alle Lektionen

Wer den Begriff Dressurreiten nicht sofort mit Dr. Reiner Klimke oder Isabell Werth gleichsetzt und sie als das Maß aller Dinge betrachtet, kann durchaus auch mit Fjordpferden in Dressurprüfungen der unteren Klassen bestehen.

Das Dressurreiten dient keinem Selbstzweck, sondern ist zunächst einmal die Grundausbildung, die jedes Reitpferd erhalten sollte. Sie bildet die Basis des Reitens, ganz egal, welche Disziplin später den Schwerpunkt bildet. Es ist immer sicherer

tragen. Also müssen wir dafür sorgen, dass das Pferd lernt, sich mit dem Reitergewicht neu auszubalancieren und eine stützende Muskulatur aufzubauen, die sein Skelett entlastet. Durch das Zusammenspiel der Hilfen veranlassen wir das Pferd dazu, an die Reiterhilfen heranzutreten und mehr Gewicht mit der Hinterhand aufzunehmen.

Sie können die Durchlässigkeit Ihres Fjordpferdes auf die reiterlichen Hilfen so sehr verfeinern, dass Sie auch erfolgreich an Dressurprüfungen auf Reitturnieren teilnehmen können. Durch seine rasche Auffassungsgabe und seine Leistungsbereitschaft lernt das Fjordpferd relativ leicht Lektionen und führt sie dann auch absolut zuverlässig aus – ein Punkt, in dem es sich von manch anderer Rasse positiv unterscheidet.

*Es macht einfach mehr Spaß, auf einem fein gerittenen Pferd zu sitzen.*

*Fjordpferde haben zwar nicht die „Aktion" eines Warmblüters, können aber auch alle Dressurlektionen lernen.*

und es macht einfach mehr Spaß, auf einem fein gerittenen Pferd zu sitzen, das sensibel auf die Reiterhilfen reagiert. Unter Dressurreiten versteht man die gymnastizierenden Übungen, mit deren Hilfe das Pferd im Laufe seiner Ausbildung nach und nach die Stufen der Ausbildungsskala erklimmen kann. Diese einzelnen Punkte sind sinnvoll aufeinander aufgebaut und greifen stets ineinander.

Die dressurmäßige Arbeit stärkt und erhält die Gesundheit unserer Pferde, denn die Natur hat das Pferd nicht dazu geschaffen, ständig Gewicht auf seinem Rücken zu

Aber wie bereits erwähnt: Irgendwann ist das Ende der Fahnenstange erreicht, denn neben dem Ausführen der Lektionen werden auch der Ausdruck, die Kadenz und der Raumgriff in den Bewegungen bewertet. Das Fjordpferd hat in den Verstärkungen nicht den Raumgriff, den die Dressurpferde der Weltspitze zeigen.

Aber die Fjordis sind ja auch nicht als Dressurpferde gezüchtet worden. Dass man sie trotzdem ab und zu auf Turnieren in den hohen Klassen sieht oder dass man sie bei Vorführungen bestaunen kann, wie sie Lektionen der Hohen Schule – wie eine Levade – zeigen, spricht sehr für sie.

*Auch das Springen einer 145 Zentimeter hohen und ebenso breiten Triplebarre bedeutet für diesen Hengst kein Problem.*

## Springpferd: Fast alle lieben es

„Ein Rabe ist kein Singvogel!" Richtig. Und: „Fjordpferde sind keine Holsteiner!" Das ist auch richtig, aber trotzdem haben die meisten von ihnen viel Spaß und Geschick beim Springen. Man muss es ihnen nur möglichst als junges Pferd in Ruhe beibringen. Es ist dabei wichtig, dass die Hindernisse passend stehen. Das heißt: Der Abstand zwischen den einzelnen Sprüngen muss so bemessen sein, dass das Pferd schön im Rhythmus springen kann. Außerdem darf man sie nicht durch zu hohe Hindernisse oder zu häufiges Springtraining überfordern. Wenn die Pferde erst einmal das nötige Selbstvertrauen beim Springen entwickelt haben, sind sie zu erstaunlichen Leistungen imstande. Manche Fjordpferde entwickeln eine ausgefeilte Technik und Manier mit solch einer schönen Bascule, dass sie selbst von internationalen Springprofis Anerkennung bekommen. Bei den jährlichen Hengstkörungen und Leistungsprüfungen kann man ihr Talent und ihr Vermögen beim Freispringen gut beobachten. Des Öfteren sind Fjordpferde bei sogenannten Freispring-Championaten für Ponys ganz vorn mit dabei. Viele Fjordpferde können höher springen, als sie groß sind. Wenn sie einmal Gefallen am Springen gefunden haben, muss ihr Ehrgeiz oft gebremst werden, damit sie sich nicht selbst schaden.

Unsere Zuchthengste springen für ihr Leben gern. Durften sie aus irgendwelchen Gründen längere Zeit nicht springen, sind sie ganz aus dem Häuschen, wenn sie wieder an einen Sprung herangeritten werden. Dabei ist die Gefahr groß, dass sie sich die ersten Male überspringen, das heißt, dass sie viel zu früh vor dem Hindernis abspringen, was bei höheren Hindernissen gefährlich werden kann. Um passend an den Sprung heranzukommen, sind eine gute dressurmäßige Grundausbildung und das Lernen des rhythmischen Galoppierens die wichtigsten Voraussetzungen.

Das Springreiten beschränkt sich aber nicht allein auf das möglichst fehlerfreie Überwinden eines oder mehrerer Hindernisse, sondern es kommt ganz wesentlich auch darauf an, wie korrekt zwischen den Sprüngen geritten wird. Ein übertriebener Ehrgeiz von Ross und Reiter ist unbedingt zu vermeiden, um die Pferde nicht zu überfordern. Es gibt viele Fjordpferde, die speziell auf Ponyturnieren zu richtigen

Schleifensammlern mutieren und immer platziert sind. Früher hatten es die Ponys schwer, wenn sie in Prüfungen gegen Großpferde antreten mussten, da die Abstände in den Kombinationen und Distanzen nicht passend für ihren Galoppsprung waren. Aber das hat sich nun zum Glück geändert, da inzwischen am Ende der jeweiligen Springprüfung die Abstände auf Ponymaß gestellt werden – was sehr fair und sinnvoll ist. Auch beim Geländespringen in Vielseitigkeitsprüfungen zeigen Fjordpferde meistens sehr viel Mut und ein großes Herz. Wenn sie erst einmal an alle Sprünge gewöhnt sind, lassen sie sich von keinem der festen Hindernisse mehr beeindrucken.

## Westernpferd: Take it easy

Die ursprüngliche Reitweise der Hirten und Cowboys hat schon seit Langem ihre Anhänger auch unter den Fjordpferdereitern gefunden und sich fest etabliert – ob nun als bequeme Art des Freizeit- und Geländereitens oder als sportliche Disziplin. Der Westernsattel und das spezielle Equipment dazu haben ein ganz besonderes Flair.

Es gibt verschiedene Vereinigungen, die sich das Westernreiten auf die Fahnen geschrieben haben. Eine von ihnen ist die

*Der Superstar der EWU: „Okke on Top" der Familie Zörgiebel in Aktion.*

Erste Westernreiter Union Deutschland, kurz EWU. Innerhalb der EWU ist der große Star – wie kann es auch anders sein – natürlich ein Fjordpferd. Der Wallach Okke on Top der Familie Zörgiebel aus Erbach im Odenwald glänzt in der EWU seit Jahren mit brillanten Leistungen in den verschiedensten Disziplinen und wurde dadurch sogar schon zum Pferd des Jahres gewählt. Er konnte sich zum Beispiel schon mehrfach bei den German Open, den deutschen Meisterschaften, feiern lassen. Damit ist Okke der beste Beweis dafür, dass man nicht immer unbedingt ein Quarterhorse braucht, um erfolgreich beim Westernreiten zu sein. Dabei ist Okke von Haus aus eher ein Multitalent: Er ist nicht nur in allen Disziplinen des Westernreitens erfolgreich, sondern wird auch noch einspännig gefahren, er springt sehr gern und ist ein feinfühlig gerittenes Dressurpferd.

Natürlich gibt es neben „Okke dem Superstar" noch viele andere gute westerngerittene Fjordpferde. Auf vielen Rallyes, auf Gelände- und vor allem bei Wanderritten kann man viele Fjordis sehen, die im Westernstil geritten werden. Die weichen, gut zu sitzenden Bewegungen kommen den Reitern eines Fjordpferdes mit Westernsattel natürlich sehr entgegen. Im Turniersport ist das westerngerittene Fjordpferd schon längst eine feste Größe. Vor allem wenn es darum geht, seine Coolness bei Trails oder in der Pleasure unter Beweis zu stellen, ist das Fjordpferd in seinem Element und eine sichere Bank auf vordere Platzierungen. Ganz cool und easy, ohne dabei phlegmatisch oder trampelig zu sein, meistert es die Aufgaben.

*Man braucht nicht unbedingt ein Quarterhorse für viel Spaß im Westernsattel.*

## Fjord-Sportpferd: Erfolg in allen Disziplinen

Die Interessengemeinschaft Fjordpferd (IGF) richtet seit vielen Jahren den Fjord-Cup aus. Es ist ein offizielles Turnier (und die inoffizielle deutsche Meisterschaft der Fjordpferde), bei dem nur reinrassige Fjordpferde startberechtigt sind. Es sind immer Reiter und Pferde aus ganz Deutschland mit dabei. Und der Fjord-Cup ist jedes Jahr das sportliche Highlight der Fjordpferdereiter.

Neben der Austragung des eigentlichen Cups, der eine Zusammenfassung aus Dressur-, Gelände- und Springprüfung ist, werden viele weitere Prüfungen auf dem jährlich stattfindenden Turnier ausgetragen. Für Einsteiger in den Turniersport werden Motivationsprüfungen und verschiedene Reiterspiele angeboten. Für die Jugendlichen wird in einer separaten Wertung um die Lorbeeren des Junioren-Cups geritten. Das Turnier

dauert fast jedes Jahr drei Tage und beginnt mit den Reitpferdeprüfungen für vier- und fünfjährige Pferde. Hier werden neben der Eignung als Reitpferd vor allem auch das Gebäude und die Grundgangarten bewertet. Die Dressuraufgaben werden als Prüfungen bis zur Klasse L ausgeschrieben. Hier müssen die Pferde schon eine gewisse Begabung mitbringen und es wird ihnen einiges in puncto Rittigkeit abverlangt. Die besten Reiter dieser Klasse zeigen im Anschluss ihr Können in einer Kür mit Musik.

Für die Springreiter gibt es als Einsteigerprüfung den sogenannten Caprillitest, eine kleine Dressuraufgabe, bei der außerdem einzelne Hindernisse zu überwinden sind. Außerdem wird eine Stilspringprüfung durchgeführt. Die Hindernisse sind maximal einen Meter hoch, und es werden sowohl Sitz und Einwirkung des Reiters als auch die Galoppade und das Springvermögen des Pferdes bewertet. Die Reiter, die sich mehr für die Geschicklichkeit beim Reiten als für die klassischen Disziplinen interessieren, können an speziellen Aufgaben teilnehmen, bei denen es darum geht, einen Aktions- und einen Präzisionsparcours zu überwinden.

Einer der Höhepunkte des Turniers ist immer wieder der Geländeritt. Hierbei handelt es sich um eine Geländeprüfung gemäß der Leistungsprüfungsordnung (LPO). Es müssen nicht nur 1200 Meter

*Bei solider Grundausbildung und genügend Vertrauen zu ihrem Reiter sind Fjordpferde auch bei festen Hindernissen beherzte Springer.*

*Auch beim größten „Schmuddelwetter" absolvieren Pferd und Reiter ganz professionell ihre Dressuraufgabe.*

Geländestrecke, sondern auch zehn bis zwölf feste Hindernisse mit einer Höhe von maximal 90 Zentimetern überwunden werden. Die Mutprobe ist dabei für die Reiter häufig größer als für die Pferde, weil manche Hindernisse schon sehr imposant aussehen. Aber auch die Pferde nehmen die festen Hindernisse ernst und heben beim Springen ganz schön ihre Beine.

In einem speziellen Gremium innerhalb der IGF, das sich aus einem ehrenamtlichen Bundessportwart und dessen Arbeitsgemeinschaft (den einzelnen Vertretern aus den Regionalgruppen) zusammensetzt, wird jedes Jahr neu beschlossen, welche einzelnen Prüfungen zum Fjord-Cup ausgeschrieben werden. In manchen Jahren finden sogenannte Führzügelklassen statt, in denen die jüngsten Reiter zusammen mit den Führern ihrer Pferde bewertet werden. Wenn die Nachfrage entsprechend groß ist, finden auch Prüfungen in verschiedenen Disziplinen des Westernreitens statt. Seit einigen Jahren sind nun auch die Ein- und Zweispännerfahrer mit ihren Kutschen am Start. Die Fahrer absolvieren Dressur-, Gelände- und Hindernisfahrprüfungen und kämpfen um den Fahrer-Cup.

Am Ende des Turniers wird der Ländervergleich durchgeführt und die Mannschaft des erfolgreichsten Bundeslandes geehrt. Und es wird natürlich der Gewinner des Fjord-Cups ermittelt.

Sehr oft ist ein und dasselbe Pferd in vielen verschiedenen Disziplinen des Fjord-Cups mit der ganzen Familie am Start. Es ist eben ein echtes Markenzeichen des Fjordpferdes, so ausgesprochen vielseitig zu sein. Solche oder ähnliche sportliche Veranstaltungen mit Fjordpferden finden in vielen Ländern statt, und gemeinsam trifft man sich inzwischen auch zu den Europameisterschaften der Fjordpferde.

## Showpferd: Stars aus purer Leidenschaft

Seitdem das norwegische Fjordpferd vor mehr als 50 Jahren Einzug in Deutschland gehalten hat, wird es auf vielen Messen und Ausstellungen dem Publikum präsentiert. Prächtig herausgeputzt und mit kunstvoll frisierter Mähne kann es sich von vielen großen und kleinen Pferdefreunden bewundern lassen. Schon lange haben sich die Aussteller, die Reiter und Fahrer der Falben, an die ständig gleichen Fragen der Zuschauer gewöhnt: „Ist die Mähne gefärbt und ist sie aufgesteckt?" oder: „Was ist denn das für eine Art Haflinger? Der ist ja viel schöner!"

Wenn an einem Samstagnachmittag das Gedränge auf den Pferdemessen am größten ist und sich die Menschen durch die

Gänge schieben wie auf dem Münchner Oktoberfest, dann treten die Fjordpferde in Aktion und stehlen ganz cool allen anderen die Show. Denn sie stehen einfach ganz gelassen und unbeeindruckt in ihren Paddocks, als seien sie zu Hause auf ihren Höfen, lassen sich tausendfach über ihre Nüstern streicheln und spitzen auch noch nach dem zehntausendsten Zuruf an diesem Tag so freundlich die Ohren, als sei es der erste seit Jahren gewesen. Und wenn schon jedem Kaltblüter längst der Gaul durchgegangen ist, lässt der ganze Messerummel die Fjords immer noch völlig kalt.

Bei Shows und Galaauftritten sind Fjordpferde seit jeher gern gesehene Akteure. Längst wissen die Veranstalter, dass die Shownummern mit Fjordpferden meistens gut funktionieren, was gar nicht so selbstverständlich ist. Denn bekanntlich ist ein Pferd ja auch nur ein Mensch und lässt sich nur zu gern durch die ungewohnte Umgebung und das Publikum ablenken und von der Nervosität und dem Lampenfieber ihrer Reiter und Fahrer anstecken. Die Fjordis sind nicht zu phlegmatisch, um sich aufzuregen. Nein, es ist eher ihre natürliche Gelassenheit, die ihnen sagt: „Erst mal schauen, was da los ist … Müssen wir uns überhaupt aufregen, oder ist es besser, die Ruhe zu bewahren?“ Wenn ein Schaubild erst einmal richtig eingeübt ist, klappt die Aufführung auch immer und überall (merke: Gelernt ist halt gelernt!) – wenn es sein

*Dieser Feuersprung ist viel mehr als nur ein Vertrauensbeweis.*

*Wie man sieht, macht es einfach Spaß, die Luftballons mit den Zähnen zum Platzen zu bringen!*

muss, auch auf einem Flugplatzfest zwischen startenden und landenden Maschinen.

Es ist immer wieder eine sehr schöne Sache, und jeder, der es sich eben zeitlich einrichten kann, ist mit dabei, wenn auf einer Messe oder in einer Galashow Fjordpferde in einem Schaubild gezeigt werden sollen. Dann wird vorher ein Rundruf gestartet und man trifft sich kurzerhand aus allen Teilen Deutschlands pünktlich am Veranstaltungsort. Meistens haben die Reiter vorher den Auftritt nicht einmal miteinander geübt und nur in den seltensten Fällen kennen sich die Pferde untereinander. Fast immer sind es die Zuchthengste der Gestüte, die zu den Showauftritten geritten werden, denn sie sind die Repräsentanten der Zuchtstätten. Manchmal finden die Shows auch mitten in der Decksaison statt. Da wird dann in einer lauen Frühlingsnacht mal eben eine Galashow mit sechs Deckhengsten geritten, auf die zu Hause die Stuten warten. Das alles funktioniert ohne den geringsten Zwischenfall.

Tja, so etwas kann man eben mit Fjordpferden machen. Wenn die Reiter und Fahrer dann vor einer so tollen Kulisse wie zum Beispiel dem Schlosspark von Wiesbaden oder dem Kurpark von Bad Salzuflen auf Einladung professioneller Showveranstalter auftreten dürfen oder zusammen mit Olympiasiegern und internationalen Reitergrößen auf den Abreiteplätzen ihre Hengste vorbereiten, wenn sie sich mit den großen Stars das Hotel teilen und ihnen beim Frühstücksbüfett der Nationaltrainer anerkennend auf die Schulter klopft und den Showauftritt lobt, dann sind sie schon ein bisschen stolz auf ihre Norweger.

*Fjordpferde sind begeisterte Showpferde, die gern im Rampenlicht stehen und sichtlich den Rummel genießen.*

Und selbst nach vielen Jahren ist es jedes Mal aufs Neue für alle Teilnehmer ein schönes Gefühl, wenn ein gelungenes Schaubild vom Publikum mit viel Beifall belohnt wird. Ob die Fjordpferde nun eine klassische Dressur- oder Springquadrille oder ein rasantes Fahrschaubild zeigen, über Feuer, Biertische und -bänke oder durch (Papier-) Wände springen, ob sie Zirkuslektionen darbieten oder genüsslich Luftballons mit ihren Zähnen zum Platzen bringen – sie sind bei vielen Galashows dabei. Es finden sich auch immer wieder Showteams zusammen, die voller Stolz ihre Falben in Aktion präsentieren. Die Fjordis selbst genießen den Rummel. Die meisten haben sichtlich Spaß an ihren Auftritten, denn schließlich wird man dabei als Pferd sehr oft gelobt und getätschelt. Sie fühlen während der Auftritte deutlich, dass sie im Mittelpunkt stehen und bewundert werden, und man merkt, wie sich die Pferde präsentieren und größer machen. In diesen Momenten sind sie die Stars aus purer Leidenschaft.

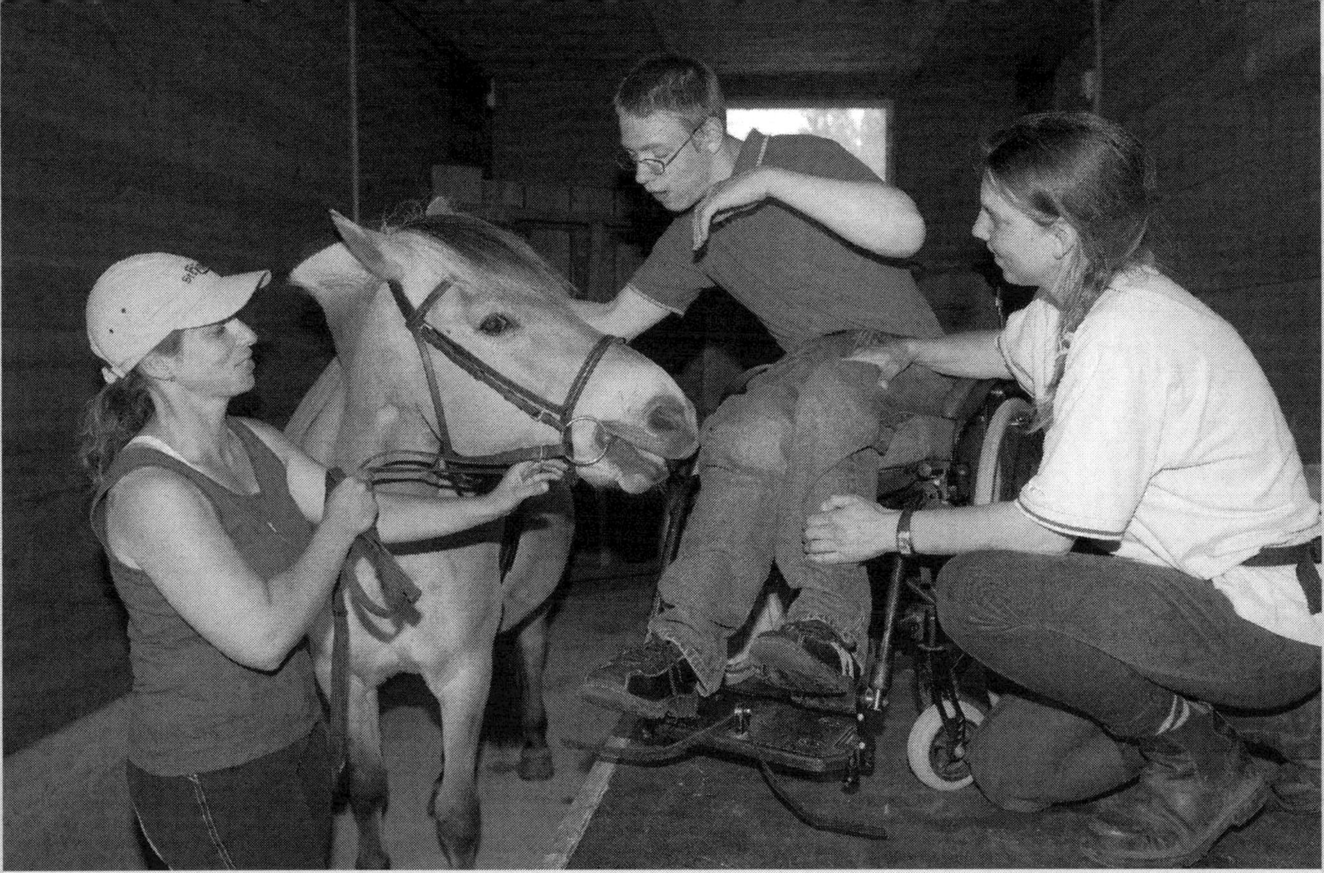

*Viele Fjordpferde verrichten ihren Dienst als zuverlässiges Therapiepferd.*

## Therapiepferd: Mit Ruhe und Geduld

Bedenkt man, wie viele positive Eigenschaften ein Pferd in sich vereinen muss, damit es zum therapeutischen Reiten eingesetzt werden kann, ist jedem klar, dass ein gutes Therapiepferd so kostbar wie ein Edelstein ist. Sein Körperbau darf nicht zu groß, aber auch nicht zu klein sein. Es muss kräftig genug sein, um auch schwere Erwachsene tragen zu können. Das Pferd muss über taktreine, schwingende und leicht zu sitzende Bewegungen verfügen. Geduldig muss es sich immer wieder überall an seinem Körper streicheln und manchmal auch unsanft betatschen lassen. Bis etwas anderes von ihm verlangt wird, muss ein Therapiepferd bei der Arbeit so ruhig stehen bleiben wie ein Fels in der Brandung. Beim Aufsitzen muss es wie festgenagelt bereitwillig an der Aufstieghilfe warten. Es darf sich durch nichts erschrecken lassen. Sein ruhiges Gemüt muss einiges aushalten und ertragen können, was jedes andere Reit- oder Fahrpferd schon x-mal in die Flucht geschlagen hätte. Wenn ein Reiter ihm mal aus Versehen in den Rücken plumpst oder sich mit den Beinen um seinen Leib klammert, darf es sich daran genauso wenig stören wie an den langen Zügeln, mit denen es geführt wird oder daran, dass manchmal auch zwei Personen auf seinem Rücken sitzen und es auch an der Kruppe oder Flanke unsanft berührt wird.

Nur Pferde, die diesen hohen Anforderungen gerecht werden, die mit dem allerbesten Charakter und einer jahrelangen speziellen Ausbildung ausgestattet sind, eignen sich dazu, psychisch kranken sowie körperlich oder geistig behinderten Menschen als vierbeinige Therapeuten zu dienen. Es ist ein sehr großes Kompliment vom Kuratorium für Therapeutisches Reiten in Warendorf, dass es das Fjordpferd als diejenige Pferderasse empfiehlt, die für alle Sparten des therapeutischen Reitens ganz besonders gut geeignet ist.

# Drei Dinge braucht das Fjord: BEWEGUNG, LUFT und FREUNDE

Ein Sprichwort sagt: „Ein Reiter ohne Pferd ist nur ein Mensch, aber ein Pferd ohne Reiter bleibt ein Pferd." Damit ist sicher gemeint, dass das Pferd den Menschen ursprünglich nicht zum Überleben brauchte, wohl aber der Mensch das Pferd. Dadurch, dass wir Menschen das Pferd vor etwa 5000 Jahren domestiziert und zum Haustier gemacht haben, sind wir ihm gegenüber verpflichtet, ihm einen Lebensraum zu gewähren, in dem es in unserer Obhut seinen Bedürfnissen entsprechend leben kann, ohne Schaden zu nehmen.

Zu den Grundbedürfnissen jedes Pferdes gehört neben ausreichend Nahrung auch die Möglichkeit, sich bei Licht und an frischer Luft zu bewegen. Pferde sind Herdentiere. Deshalb lieben und brauchen sie die Gesellschaft ihrer Artgenossen, um ihr angeborenes Sozialverhalten ausleben zu können. Ein weiteres Grundbedürfnis ist es, aktiv an der Umwelt teilhaben zu können. Das Pferd hat hoch spezialisierte Sinnesorgane, mit denen es in der Lage ist, wesentlich besser als der Mensch alle möglichen Reize wahrzunehmen. Geht ein Pferdehalter nicht auf die Grundbedürfnisse eines Pferdes ein, dann reagiert das Pferd ähnlich wie ein derart misshandelter Mensch: Beide verkümmern wie Kaspar Hauser (jener arme Mensch, der ein Leben lang isoliert von der Außenwelt und ohne jede Ansprache in einem Kerker gehalten wurde) zu geistigen und körperlichen Krüppeln und legen früher oder später schlimmste Verhaltensstörungen an den Tag.

Fjordpferde als Robustpferde haben dieselben Grundbedürfnisse wie alle anderen Pferde, nur dass sie in vielen Dingen wesentlich anspruchsloser sind – was zum Beispiel die Unterbringung oder die Fütterung betrifft. Aber auf die grundlegenden Dinge können auch sie natürlich nicht verzichten.

*Nur wenn der Mensch die Grundbedürfnisse des Pferdes respektiert und beachtet, kann das Pferd artgerecht leben.*

## Gedanken zu der artgerechten Haltung

Wer den Begriff „artgerecht" mit einer ursprünglichen und der Art entsprechenden Haltung gleichsetzt, wird merken, dass so eine Pferdehaltung, zumindest in Deutschland, so gut wie nicht mehr möglich ist, weil unser Land viel zu dicht besiedelt ist. Der Begriff „artgerecht" ist hierzulande ein bisschen zu einem Modewort geworden, unter dem allerlei Varianten der Pferdehaltung betrieben werden. Ein matschiger Paddock ist genauso wenig artgerecht wie ein Wohnklo mit Terrasse.

Man müsste schon in die weiten Prärien Nordamerikas oder in die Taiga Sibiriens ausweichen, wenn man den Pferden einen Lebensraum gewähren möchte, der ihrer Art entspricht. Denn der Art nach gehören Pferde zum Fernwanderwild, welches täglich auf seiner Nahrungssuche eine Strecke von etwa 40 Kilometern zurücklegt. Deshalb müssen wir bei der Haltung unserer Fjordpferde immer versuchen, einen Kompromiss zu finden, der je nach Nutzung des Pferdes verschieden sein wird. Auf alle Fälle muss bei jeder Haltungsform darauf geachtet werden, die Grundbedürfnisse zu berücksichtigen. Fjordpferde gehören zu den klassischen Robustpferderassen, und sie können durchaus das ganze Jahr im Freien leben, ohne dabei Schaden zu nehmen. Im Gegenteil: Draußen zu leben ist wesentlich besser für sie, als dauernd in einen Stall eingesperrt zu sein. Allerdings können wir sie auch nicht wie Wildpferde sich selbst überlassen.

*Extensiv bewirtschaftete Weideflächen eignen sich besonders gut zur Haltung von Fjordpferden, weil der Grasbewuchs nicht zu üppig ist.*

Auf unseren Kulturweiden, die womöglich noch ordentlich gedüngt sind, werden Fjordpferde viel zu fett, wenn sie das Futter nicht rationiert bekommen und man ihnen nicht nur stundenweise Weidegang gewährt. Es ist besser, Fjordpferde an solchen Standorten weiden zu lassen, die extensiv bewirtschaftet werden, also nicht gedüngt und gespritzt werden, sodass der Grasbewuchs nicht so üppig ist. Dann ist die Gefahr der Überfütterung nicht zu groß. Es hat sich in der Praxis eine Wechselbeweidung der Grünflächen mit Rindern bestens bewährt. Auch bei den Rindern gibt es viele Robustrassen, die ganzjährig im Freien gehalten werden können und dort in einer sogenannten Mutterkuhherde mit ihren Kälbern leben. Die Wechselbeweidung hat den entscheidenden Vorteil, dass die Rinder die Geilstellen (Plätze, an denen die Pferde nicht grasen) der Pferde abweiden und umgekehrt. Dadurch können sich die Würmer der Pferde nicht zur Plage ausbreiten: Die ausgeschiedenen Parasiten, die an den Kotplätzen und im Gras, vor allem an den Geilstellen, weiterleben, werden von den Rindern aufgenommen und sterben in deren Verdauungstrakt ab.

Wenn wir unser Fjordpferd das ganze Jahr über im Freien halten möchten – was der natürlichen Lebensweise am nächsten kommt –, müssen wir je nach Bodenbeschaffenheit von einem Platzbedarf von etwa 5000 Quadratmetern pro Pferd ausgehen. Fjordpferde sind gegen die Witterungseinflüsse in unseren Breiten sehr unempfindlich, sofern sie genügend Schattenplätze und einen Unterstand zur Verfügung haben, der sie im Sommer vor der Hitze schützt. Kälte und Regen sind für die Pferde aus dem kalten Norden das geringere Problem. Zudem ist ihr Fell so

*Fjordpferde sind an ein Leben im Freien sehr gut angepasst und kommen mit dem Winter in unseren Breiten bestens zurecht.*

konzipiert, dass es die Funktion der Thermoregulierung erfüllt. Im Winter bildet sich eine dichte kurze Unterwolle, die warm hält und die Nässe nicht bis auf die Haut dringen lässt. Lange Oberhaare leiten die Nässe oberflächlich ab und können sich bei großer Kälte zusätzlich aufplustern. Dabei entsteht durch das Aufrichten des Fells eine zusätzliche Luftschicht, die isolierend wirkt. Dann sehen Fjordpferde aus wie Eisbären und an kalten Wintertagen kann man sie mit Eiskristallen an den Nüstern und gefrorenen Barthaaren bei allerbester Laune und Gesundheit antreffen.

Bei ganz fürchterlichem Wetter stellen sich die Fjordpferde dicht an dicht nebeneinander und wettern Wind und Regen ab, – das heißt: Sie stellen sich mit dem Hinterteil in den Wind und halten ihre Köpfe geschützt und eng zusammen. Fjordpferde sind also an ein Leben im Freien hervorragend angepasst, auch wenn wir Höhlenbewohner es uns bei minus 20 Grad und Schneesturm nur sehr schwer draußen vorstellen können. Sie legen auch überhaupt keinen Wert auf windgeschützte kuschelige Plätzchen, wie wir fälschlicherweise oft annehmen. Im Gegenteil: Zum Schlafen suchen sie sich immer die höchste Stelle ihres Territoriums aus, denn dort herrscht die beste Luftzirkulation, sodass sie am ehesten jeden Geruch und jedes Geräusch einer Gefahr wahrnehmen. Außerdem halten sich an den Plätzen mit ständigem Luftzug die wenigsten Insekten auf, und die höchste Stelle der Weide ist meistens auch der trockenste Schlafplatz. Natürlich müssen auch Fjordpferde ständig Zugang zu frischem Wasser haben, sie brauchen täglich etwa 30 bis 40 Liter.

Als ausgesprochenes Herdentier darf man ein Fjordpferd nicht einzeln halten, sondern es braucht Artgenossen, um zufrieden zu leben. Auch die berühmte Ziege, das Schaf oder irgendwelche anderen Tiere sind zwar besser als gar keine Gesellschaft, aber sie ersetzen nicht die Artgenossen. Es sollten schon Equiden (Pferdeartige) sein, damit sie dieselbe Sprache sprechen.

Zum dauerhaften Zusammenleben in der freien Natur ist eine Herde von wenigstens vier Pferden geeignet. Wenn wir Fjordpferde zur Aufzucht in sogenannter Freilandhaltung haben, sollten wir darauf achten, immer eine gerade Anzahl von Tieren in einer Herde zu haben, damit sich Freundschaften bilden können und kein Jungpferd ohne Sozialpartner bleiben muss, mit dem es spielen und Fellpflege betreiben kann. Bei der Zusammenstellung der Herde muss man auch bedenken, dass Fjordpferde im Alter von etwa 14 Monaten geschlechtsreif werden. Um eine unplanmäßige Vermehrung zu verhindern, sollten die Pferde also spätestens als Jährlinge nach Geschlechtern getrennt in verschiedenen Herden aufwachsen. Außerdem sollte unbedingt auf eine ausbruchsichere Umzäunung des gesamten Areals geachtet werden, die neben einer optisch gut sichtbaren Barriere auch wenigstens ein Strom führendes Band beinhalten sollte.

Wenn unsere Fjordpferde das ganze Jahr über ausschließlich im Freien gehalten werden, ist ein übermäßiges Frisieren und tägliches Putzen nicht sinnvoll. Das Langhaar dient dem Schutz von empfindlichen Körperteilen vor Fliegen, vor Nässe und Wind. Durch intensives Putzen wird die Schutzschicht der Haut, die das Fjordpferd unempfindlich gegen Regen und Schnee macht, zerstört. Der einzige Nachteil bei dieser wohl pferdegerechtesten aller Haltungsformen besteht darin, dass unsere Pferde uns nicht jederzeit uneingeschränkt zur Verfügung stehen.

Zum einen wird sich ein Fjordpferd, das ganzjährig draußen auf einer großen Fläche in einer Herde lebt, nicht so eng an den Menschen binden, wie ein Pferd, das in einer Box gehalten wird. Es kann also passieren, dass Sie Ihr Pferd rufen und es trotzdem gar kein Interesse daran hat, zu Ihnen zu kommen. Seine Herdenmitglieder werden ihm immer wichtiger sein als sein zweibeiniger Partner.

Zum anderen dürfen wir das Pferd in der Winterzeit nicht so sehr beanspruchen, dass es stark schwitzt, denn dadurch wird die Thermoregulierung außer Kraft gesetzt, und das Fjordpferd ist nicht mehr unempfindlich gegen Wind und Wetter. „Alles schön und gut mit der Freilandhaltung", werden Sie jetzt sicher zu Recht sagen, „aber ich wohne und arbeite in einer großen Stadt und habe nun mal keine Ranch

*Eine ausbruchsichere Umzäunung ist für jede Pferdeweide notwendig.*

*Wird das Fjordpferd immer im Freien in der Herde gehalten, geht es zu seinen Artgenossen eine engere Bindung ein als zu seinem Besitzer.*

in Montana, und wer hat hier schon so viel Land zur Verfügung? Außerdem möchte ich mein Fjordpferd auch jeden Abend nach der Arbeit reiten und nicht erst stundenlang in der Dunkelheit nach meinem Pferd suchen." Genau das ist der Grund, warum wir bei der Haltung unserer Fjordpferde immer in irgendeiner Art und Weise Kompromisse eingehen müssen.

## Selbstversorger – oder lieber doch nicht?

Es ist nur allzu gut zu verstehen, dass viele Fjordpferdefreunde von einem direkten Zusammenleben mit ihren Fjordis hinter dem Haus träumen. „Was gibt es Schöneres, als morgens von den eigenen Pferden geweckt zu werden und abends nach der Arbeit nicht erst noch zum Reitstall fahren zu müssen? Und das bisschen zusätzliche Arbeit mit der Versorgung ist doch gar kein Problem." So oder so ähnlich denken viele Leute, die überlegen, ob sie ihre Pferde in Eigenregie halten sollen. Aber so schön die Selbstversorgung auch ist, so zeit- und arbeitsintensiv ist sie auch. Deshalb muss man sehr sorgfältig überlegen und abwägen, ob dieser Aufwand wirklich an sieben Tagen in der Woche zu bewältigen ist. Wer die Pferde direkt am Haus halten möchte, damit er dadurch öfter zum Reiten kommt,

*Wer seine Pferde in Eigenregie versorgt, findet leider nicht immer die Zeit, ihnen einfach mal beim Toben zuzusehen.*

wird bald merken, dass vor lauter Arbeit drum herum eher weniger Zeit fürs Reiten bleibt als vorher. Wie schon erwähnt müssen es mindestens zwei Fjordpferde sein, damit sie sich wohlfühlen.

Je nachdem, welche Haltungsform Sie für Ihre Fjordis wählen, gehen schnell ein bis zwei Stunden täglich für das Füttern, Misten und Einstreuen des Stalls und das Abmisten von Paddock und Weide drauf. Darüber hinaus müssen der Zaun und die anderen Gebäudeteile ständig gewartet und instand gehalten werden. Ein zusätzlicher Arbeitsaufwand ist das Beschaffen und Lagern der Futtermittel und der Einstreu. Der Schritt zum Selbstversorger sollte also gut überlegt sein, damit der Traum von der eigenen Pferdehaltung nicht als Albtraum endet.

*Wenn sich mehrere Pferdefreunde zu einer Haltergemeinschaft zusammentun, können auch die Pferde davon profitieren.*

Eine gute Alternative zur Selbstversorgung Ihrer Fjordis kann eine Haltergemeinschaft bieten, bei der sich mehrere Pferdebesitzer zusammentun, um gemeinsam ihre Pferde in Eigenregie zu versorgen. Die Vorteile einer solchen Pony-WG liegen auf der Hand: Man muss nicht gleich automatisch stolzer Besitzer von wenigstens zwei Fjordpferden sein, außerdem werden sowohl die nötige Arbeit als auch die Kosten auf die Anzahl der Pferdebesitzer aufgeteilt. So haben Sie wenigstens ab und zu die Chance, sonntags ausschlafen zu können. Und jedes einzelne Mitglied einer Haltergemeinschaft wird nicht übermäßig belastet. Verschiedene Dienste wie zum Beispiel Wartungs- und Reparaturarbeiten werden von allen gemeinsam erledigt.

Leider funktionieren Haltergemeinschaften nicht immer auf Dauer. Selbst wenn alle relevanten Dinge bis ins kleinste Detail festgelegt sind und auch geplant ist, wer wann und warum welchen Pferdeapfel abmisten muss, kommt es doch oft zu Meinungsverschiedenheiten. Die Themen Pferd und Pferdehaltung sind so speziell und emotionsgeladen, dass es oft sehr schwer ist, sachlich und objektiv zu bleiben, wenn es zum Beispiel innerhalb der Pferdeherde zu einer ernsthaften Keilerei kommt, bei dem sich auch noch Tiere verletzen. Dann wird es immer wieder heißen: „Dein Pferd hat meinem Pferd ..."

Eine weitere Möglichkeit ist es, sein Fjordpferd zu einem Landwirt oder in einem Reitstall in Pension zu stellen. Auch wenn es auf den ersten Blick die teuerste Lösung ist, müssen Sie doch bedenken, dass sie auch eine Menge Vorteile bietet. Sie können Ihre Freizeit ganz mit Ihrem Pferd verbringen, und Sie sind nicht dauernd damit beschäftigt, Schaufel und Mistgabel zu schwingen. Es wird Ihnen neben dem Stellplatz für Ihr Pferd auch die Reitanlage zur Verfügung gestellt, und für die Wartungs- und Reparaturkosten sowie das Futter muss der Stallbetreiber aufkommen. Sie können in einem Pensionsstall aber leider auch nicht so schalten und walten, wie Sie es könnten, wenn Sie Ihre Pferde zu Hause halten.

Ihre Entscheidung wird sich immer nach den persönlichen Vorlieben und Gegebenheiten richten. Aber wenn man seinen Spaß und seine Erfüllung auch in dem Drumherum bei der Haltung der Fjordis findet und man genügend Zeit und Kapital in die Pferdehaltung stecken kann, ist das Pferd auf dem eigenen Stück Land ganz bestimmt für viele Pferdefreunde die Erfüllung eines Lebenstraums.

*Fjordpferde gehören zu den klassischen Robustpferderassen.*

## Wenig drinnen und viel draußen

Fjordpferde lieben die Gesellschaft ihrer Artgenossen. Deshalb ist auch die Gruppenhaltung im Offenstall neben der reinen Freilandhaltung sicher eine Alternative, um ein Fjordpferd optimal unterzubringen. Damit diese Pony-WG reibungslos und erfolgreich funktioniert, müssen aber ein paar grundlegende Dinge beachtet werden. Wenn die Rangordnung innerhalb einer Gruppe erst einmal geklärt ist, sind Fjordpferde untereinander sehr verträglich. Häufig haben sie auch eine viel geringere Individualdistanz (der Radius, in dem ein Pferd keine anderen Artgenossen außer engste Freunde um sich herum duldet) als andere Pferderassen. Es ist dennoch zu beachten, dass das Platzangebot für alle Pferde ausreichend groß bemessen ist. (Genaue Richtwerte hierzu gibt die Laufstall-Arbeits-Gemeinschaft LAG, Adresse siehe Seite 94) Jeder Offenstall muss zwei Eingänge haben, damit sich die Pferde nicht gegenseitig die Zugänge versperren können. Es ist ideal, wenn der Stall in einen Fressbereich und einen eingestreuten Liegebereich unterteilt ist.

Die Futterstellen und die Tränken sollten möglichst weit auseinanderliegen, damit die Pferde gezwungen sind, sich zu bewegen. Die gezielte Zufütterung einzelner Tiere ist innerhalb einer Gruppe nicht immer ganz einfach. Es werden zwar verschiedene Futterautomaten angeboten, aber die Technik ist recht aufwendig und teuer. Wenn alle Pferde in der Gruppe mit Kraftfutter gefüttert werden, kann man sie zum Fressen anbinden, damit nicht die ranghohen Pferde den rangniedrigen die Portion wegfressen können. Werden nur einzelne Tiere speziell zugefüttert, kann man sie zum Fressen aus der Gruppe herausholen.

Für die Fütterung von Raufutter haben sich Rundraufen bestens bewährt. An ihnen können alle Pferde gleichzeitig fressen und sich gegenseitig gut ausweichen. Der direkt an den Offenstall angrenzende Auslauf sollte als Faustregel wenigstens eine Größe von 30 Quadratmetern je Pferd haben. Er muss aus einem befestigten, aber rutschfreien Untergrund bestehen, der sich nicht beim ersten Regenschauer in einen knietiefen Morast verwandelt. Wenn die Pferde dauernd auf einem Matschplatz stehen müssen, ist die Gefahr von Strahlfäule und Mauke ziemlich groß. Außerdem ist so ein Sumpf der beste Brutplatz für Parasiten. Neben dem befestigten Untergrund ist eine massive Einzäunung des Auslaufs unerlässlich.

Es ist wichtig, dass man bei der Zusammensetzung der Herde, die zusammen in einem Offenstall gehalten wird, auf eine gewisse Harmonie achtet. Auch hier sollte die Gruppe möglichst aus einer geraden Anzahl von Pferden bestehen. Wie bei allen sozial lebenden Tieren gibt es unter den Pferden Sympathien und Antipathien zwischen den einzelnen Gruppenmitgliedern, was beachtet werden muss, damit es nicht zu ständiger Unruhe innerhalb der Herde kommt.

Eine weitere Möglichkeit der Gruppenhaltung ist der Laufstall. Hierbei handelt es sich um eine große geschlossene Stallfläche, innerhalb derer sich die Pferde frei bewegen können. Dabei müssen die gleichen Gesichtspunkte beachtet werden wie bei der Haltung im Offenstall. Die Temperatur im Stall soll sich an die Außentemperatur anpassen können. Wenn zum Beispiel Gastpferde oder Zuchthengste einzeln gehalten werden müssen, ist die Einzelbox mit Paddock die beste Lösung, da die Pferde auch bei dieser Haltungsform immer selbstständig das Freie aufsuchen können.

Die häufigste Form der Pferdehaltung ist in Deutschland noch immer die Boxenhaltung. Die Mindestanforderungen hinsichtlich Größe und Beschaffenheit sind in Deutschland mit dem Tierschutzgesetz geregelt. Es besagt, dass die Grundfläche einer Box mindestens die doppelte Widerristhöhe des Pferdes im Quadrat betragen muss. Das heißt, dass eine Box für ein Pferd mit einem Stockmaß von 150 Zentimeter wenigstens neun Quadratmeter groß sein muss. Wir unterscheiden zwischen Außenboxen, die eine direkte Tür ins Freie haben, und sogenannten Innenboxen. Eine reine Boxenhaltung ist für Fjordpferde nicht ideal, aber als reines Übernachtungsquartier akzeptabel. Das Halten von Pferden in Ständern ist in Deutschland verboten.

Bei der Haltung im Offenstall hat das Pferd permanent die Möglichkeit selbstständig ins Freie zu gehen.

Wenn man ein Pferd von der Gruppe separieren muss, ist die vorübergehende Haltung in einer Außenbox eine Alternative.

Die Laufstallhaltung hat sich vor allem in der Jungpferdeaufzucht bestens bewährt.

# Die idealen FUTTER-VERWERTER

Auch beim Fressen folgen Fjordpferde ihren ererbten Verhaltensweisen. In ihrer ursprünglichen Heimat gab es meistens nur eine karge Vegetation, und die Wachstumsperiode war sehr kurz. Das bedeutete für die Fjordpferde, dass sie sich in den Sommermonaten möglichst schnell viel Fett anfressen mussten, um gut über den langen Winter zu kommen. Sie mussten dabei auch aus minderwertigem Futter wie Blättern und Baumrinde noch genügend Nährstoffe verwerten, um zu überleben.

Deshalb sind Fjordpferde extrem gute Futterverwerter und haben meistens keine natürliche „Fressbremse“. Dieser Zwang zum ständigen Fressen hat sich bis heute nicht geändert und kann in hiesigen Regionen zu ernsthaften Problemen führen. Wenn man sie nicht auf kargen und mageren Weiden, sondern auf unseren gedüngten Kulturweiden hält, können sie schnell zu viel fettes Gras erwischen, was zu üblen Krankheiten wie Kolik, Hufrehe und Kreuzverschlag führen kann. Wir müssen ihnen dann das Futter rationieren, indem wir sie nur stundenweise auf die Weide zum Fressen lassen, oder wir dürfen sie nur auf bereits abgegraste Flächen stellen.

*Beim Fressen folgen Fjordpferde ihren ererbten Verhaltensweisen ganz nach dem Motto, möglichst viel in möglichst kurzer Zeit zu verputzen.*

*Wenn Fjordpferde nicht extrem viel arbeiten müssen, ist eine Haltung auf der Weide im Sommerhalbjahr zur Ernährung absolut ausreichend.*

## Weniger ist oft mehr

Wenn das Fjordpferd als Freizeitpferd gehalten und durchschnittlich jeden zweiten Tag geritten wird, kommt es gut ohne die Zugabe von Kraftfutter zurecht. Im Winter besteht die Grundration für ein Fjordpferd aus sechs bis acht Kilogramm Heu und einer Mineralstoffmischung. Zusätzlich kann man täglich etwas Saftfutter in Form von Karotten oder Rüben geben, die sehr gern gefressen werden. Die Tagesration wird am besten auf drei Mahlzeiten verteilt, wobei die größte Portion abends gegeben wird, weil die anschließende Nacht der längste Zeitraum ohne Futter ist. Wenn das Fjordpferd keine Einstreu aus Stroh hat, kann man bedenkenlos etwa drei Kilogramm gutes Stroh füttern. Das deckt den Rohfaserbedarf, und das Knabbern verschafft stundenlang Beschäftigung und verhindert dadurch Langeweile.

Da der Magen eines Pferdes im Verhältnis zu seiner Körpergröße relativ klein ist – er fasst nur etwa 12 bis 18 Liter –, ist das Pferd täglich viele Stunden mit Fressen beschäftigt. Bei uns werden wesentlich mehr Pferde überfüttert, als dass Pferde hungern müssten. Bei Fjordpferden ist die Gefahr des Überfütterns besonders groß. Der Ernährungszustand ist in Ordnung, wenn Sie die Rippen zwar nicht sehen, aber mit der flachen Hand fühlen können.

Im Frühjahr muss der Übergang vom Raufutter zum frischen Gras auf der Weide sehr langsam und Stück für Stück erfolgen, damit der Verdauungstrakt sich an die Futterumstellung gewöhnen kann. Das ungewohnte frische Gras kann sonst durch den hohen Eiweißgehalt zu Hufrehe, Kolik oder Kreuzverschlag führen.

Zusätzliches Kraftfutter (Getreide oder Mischfutter) sollten nur Absatzfohlen im ersten Winter bekommen sowie Milch gebende Mutterstuten oder Fjordpferde, die wirklich viel arbeiten müssen.

Die gesundheitlichen Gefahren, die bei dauernder Überfütterung bestehen, sollte man sehr ernst nehmen. Neben den schon erwähnten Krankheiten belastet das durch Überfütterung verursachte Übergewicht stark die Gelenke des Pferdes und führt zu frühem Verschleiß. Außerdem sticht die meisten Ponys schnell der Hafer: Auch bei Fjordpferden verändert sich ihr gutes Temperament, sie werden frech und übermütig, wenn man ihnen zu viel Kraftfutter (und dazu zählt der Hafer) füttert.

## Das Problem mit der Leichtfuttrigkeit

Viele Besitzer von Fjordpferden, die ihr Pferd in Pension stehen haben, können bestimmt ein Lied davon singen: Sie erklären dem Stallbetreiber mit Engelszungen, dass ihr Fjordi ein ganz genügsames anspruchsloses Robustpferd ist, das wirklich nur wenig Futter braucht, weil es sonst zu fett wird. Und kaum acht Wochen später hat es derart zugenommen, dass es nur noch mit Mühe durch die Stalltür passt. Menschen, die die Rasse nicht kennen, können sich einfach nicht vorstellen, wie leichtfuttrig Fjordpferde wirklich sind. Aus falsch verstandener Pferdeliebe bekommt es Berge von Futter vorgesetzt oder es wird den ganzen Tag auf eine Weide mit kniehohem Gras gestellt. Zur Begründung hört man oft: „Ja, aber die Pferde brauchen doch viel Futter, wenn sie arbeiten müssen." Auch die Auszubildenden zum Pferdewirt bei uns auf dem Hof müssen immer erst lernen, das sämtliche Nährstoffbedarfsberechnungen, die sie in der Berufsschule lernen und die für unsere Warmblutpferde auch stimmen, in der Praxis bei der Fütterung von unseren Fjordpferden viel zu hoch angesetzt sind. Wenn Fjordpferde ständig zu viel eigenes Gewicht mit sich herumschleppen müssen, werden sie träge und schwerfällig. Übergewicht schadet dem Allgemeinbefinden und vor allem auch dem Bewegungsapparat. Natürlich hat auch die Futtermittelindustrie inzwischen diesen Markt erkannt und bietet spezielle Futter für Robustpferderassen an. Sie enthalten hauptsächlich viele Ballaststoffe und wenig Nährstoffe – im Prinzip eine Art „Weight Watchers" für Pferde.

## Mineralfutter muss sein

Früher beweideten Fjordpferde in ihrer Heimat Gebiete mit verschiedenen Bodenarten – Sumpfgebiete, Tundren und steinige Hänge. Dadurch regelten sie ganz natürlich die Aufnahme verschiedener Mineralstoffe, die aus dem Boden über das Futter aufgenommen wurden. Auch heute werden noch die meisten Mineralstoffe über das Gras und Raufutter aufgenommen. Wenn darauf geachtet wird, dass möglichst Heu mit hohem Kräuteranteil und großer Pflanzenvielfalt verfüttert wird, gibt es meistens keine Probleme. Durch die intensiv betriebene Landwirtschaft ist aber die Pflanzenvielfalt zurückgegangen. Deshalb empfiehlt es sich, zusätzlich ein handelsübliches Mineralfutter zu füttern – dabei jedoch die richtige Dosierung beachten. Gute Futtermittelhersteller bieten Beratungen an, die man zur Information in Anspruch nehmen sollte.

Leider gibt es in Deutschland einige Gebiete, in denen der Boden kaum Selen enthält. Selen ist ein Mineralstoff, den das Pferd für den Muskelaufbau benötigt. Einen Selenmangel erkennt man zunächst an einer allgemeinen Mattigkeit des Pferdes. Im weiteren Verlauf nimmt die Muskelmasse ab und das Immunsystem wird gestört. Ob tatsächlich ein Selenmangel vorliegt, kann nur durch ein Blutbild festgestellt werden. Es ist falsch, einfach auf Verdacht Selen zu geben, weil eine Überdosierung zu Vergiftungserscheinungen führen kann.

*Die Gefahr der Überfütterung und der damit verbundenen Gesundheitsrisiken ist bei Fjordpferden sehr groß.*

*Damit aus diesem Fohlen einmal ein gesundes und kräftiges Fjordpferd werden kann, ist eine ausreichende Versorgung mit den richtigen Mineralstoffen wichtig.*

# Gepflegt GESUND bleiben

Genauso wie alle anderen Pferderassen müssen auch Fjordpferde entsprechend gepflegt werden, um gesund zu bleiben. Dabei ist die notwendige Intensität der Pflege jedoch sehr stark von der Haltungsform abhängig. Wenn das Fjordpferd überwiegend eingestallt ist, muss es regelmäßig geputzt werden, um Schmutz, lose Haare und Hautschuppen zu entfernen. Das Fell muss besonders an der Sattel- und Geschirrlage von verkrustetem Schweiß befreit werden. Das richtige Putzen hat außerdem eine Massagewirkung, fördert die Durchblutung der Haut und hilft dem Pferd besonders während des Fellwechsels. Bei der täglichen Fellpflege bietet sich auch bestens die Gelegenheit, sich das Pferd genau anzusehen und auch kleinere Verletzungen oder Hautveränderungen aufzuspüren. Aus der Sicht eines Pferdes ist die (gegenseitige) Fellpflege ein wesentlicher Teil des sozialen Kontakts und stärkt das Vertrauensverhältnis des Pferdes zu seinem Menschen.

## Auch Robustpferde brauchen Pflege

Werden Fjordpferde robust in einem Offenstall oder in Freilandhaltung in einer Gruppe gehalten, übernehmen sie ihre Fellpflege selbst, wenn sie die Möglichkeit dazu haben, sodass der Mensch nur wenig nachhelfen muss. Die wetterfeste und isolierende Fettschicht auf der Haut wirkt wie ein Schutzmantel, den wir durch zu intensives Putzen zerstören würden.

Mit großer Wonne und Hingabe beknabbern sich die Tiere gegenseitig, sie scheuern sich an Bäumen und anderen Gegenständen, wälzen sich mit Vorliebe an den matschigsten Stellen und auf den größten Sandplätzen und pflegen ihr Fell auf diese Art bestens selbst. Zum Reiten und Fahren wird das Robustpferd nur oberflächlich abgebürstet. Das Langhaar bleibt möglichst unberührt, da es vor der Witterung und vor Insekten schützen muss. Der Schweif wird allenfalls verlesen und gekürzt, damit sich das Pferd nicht selbst darauftreten kann. Durch zu häufiges Bürsten werden zu viele Schweifhaare ausgerissen.

*Für ein Robustpferd ist es eine Wonne und wichtiges Element der eigenen Pflege, sich im Sand zu wälzen.*

Wenn ein Fjordpferd gesunde und korrekte Hufe hat und wenn es nicht extrem viel auf sehr hartem Boden laufen muss, reicht es vollkommen aus, wenn die Hufe alle acht bis zehn Wochen ausgeschnitten werden. Ganz ohne Pflege kommt der Huf aber doch nicht aus. Der Strahl muss sauber gehalten werden, und die Kanten der Hufe müssen berundet werden, damit sie bei Belastung nicht ausbrechen. Wenn sich durch die Arbeit mehr Hufhorn abreibt als nachwachsen kann, sind Hufeisen oder ein anderer Hufschutz erforderlich.

## Die Ponys mit der Punkfrisur

Die Natur hat auch Fjordpferde mit einer dichten, zu beiden Seiten fallenden Ponymähne ausgestattet, die sie hervorragend schützt. Aber den Bauern und Fuhrleuten war schon vor ein paar hundert Jahren die üppige Mähne ständig beim Aufschirren und Reiten im Weg. Außerdem braucht eine lange Mähne einfach mehr Pflege, um nicht zu verfilzen. Deshalb wurde sie kurzerhand abgeschnitten, und somit betonte man den ohnehin schon mächtigen Hals der Fjordpferde noch mehr. Je nach Geschmack gibt es heute die unterschiedlichsten Frisuren für die Mähnen. Besonders interessant wirken die verschiedenen Schnitte durch die Zweifarbigkeit der Mähne, und wer etwas Übung und Geschick mitbringt, kann wahre Kunstwerke am Hals seines Fjordpferdes kreieren.

Vor dem Nachfrisieren.

Beim Frisieren.

Eine Seite frisiert.

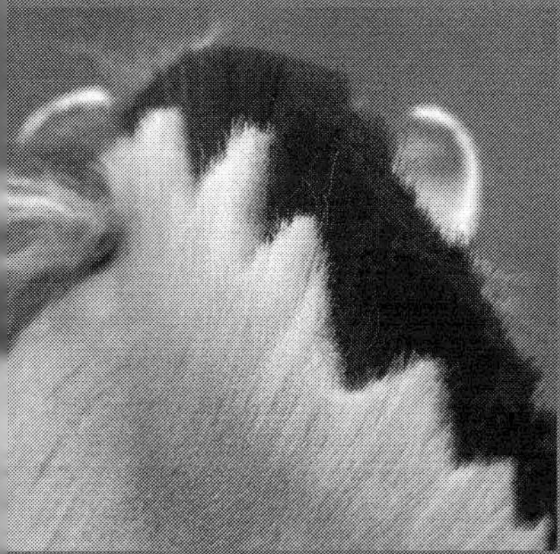
Den Drachenschnitt gibt es …

… in verschiedenen Variationen.

Doppelter Drachenschnitt.

Trauerrand.
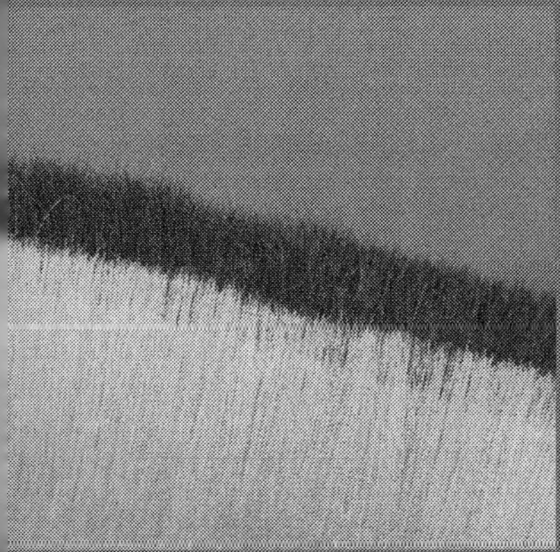

Dänischer Schnitt.

Zinnenschnitt.
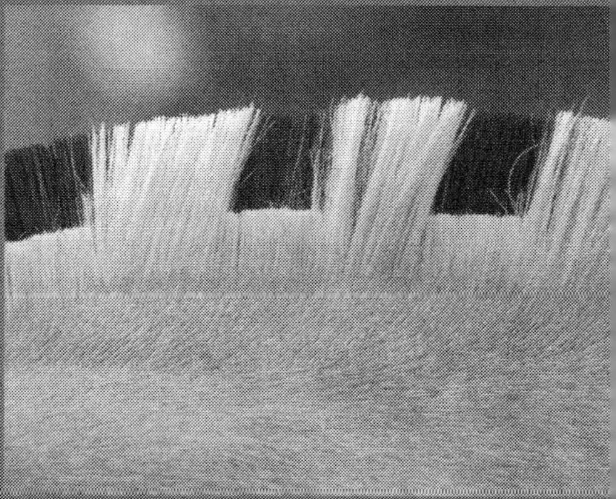

*Lange Mähne.*

*Die nötigen Schutzimpfungen sind wichtig für ein langes und gesundes Pferdeleben.*

## Wichtige Impfungen

Die Gesundheitsvorsorge spielt auch bei unseren Fjordpferden eine nicht zu unterschätzende Rolle. Vor allem dann, wenn wir mit unserem Pferd an Veranstaltungen wie Turnieren oder Zuchtschauen teilnehmen, wo es mit vielen anderen Pferden in Kontakt kommt. Die meisten Veranstalter setzen einen vollständigen Impfschutz voraus, der im Pferdepass eingetragen sein muss.

Es gibt darüber hinaus empfohlene Impfungen für Pferde, die sie vor speziellen Erkrankungen schützen sollen. Sie werden vom Tierarzt meistens als Kombinationsimpfungen verabreicht.

Die erste Impfung bekommt das Fohlen innerhalb der ersten 24 Lebensstunden gegen Fohlenlähme (vergleichbar mit der Kinderlähmung beim Menschen). Diese Impfung wird später noch einmal wiederholt. Gegen die anderen wesentlichen Erkrankungen des Pferdes wird das Fohlen über die Muttermilch immunisiert. Sie enthält ausreichend Antikörper, um das Fohlen zu schützen. Nachdem das Fohlen von der Mutter abgesetzt wurde, sollte es noch im ersten Lebensjahr geimpft werden. Nach der sogenannten Grundimmunisierung sind

*Mit dem Gras nehmen die Pferde Wurmlarven auf, die bei unzureichender Entwurmung lebensbedrohliche Erkrankungen hervorrufen können.*

in regelmäßigen Abständen Wiederholungsimpfungen notwendig; die zeitlichen Abstände sollten nicht überschritten werden, weil sonst eine erneute Grundimmunisierung notwendig wird. Sämtliche Impfungen müssen vom behandelnden Tierarzt im Pferdepass eingetragen werden.

Eine der wichtigsten Impfungen für unsere Fjordpferde ist die Tetanusimpfung (Wundstarrkrampfimpfung). Dieser Erreger kann ständig überall lauern und ist sehr gefährlich. Er dringt schon über kleine Wunden in den Körper des Pferdes ein und führt zu Lähmungen, die tödlich sind. Tetanus ist nur bei Erkennung im Frühstadium heilbar. Die Impfung wird nach der Grundimmunisierung im Abstand von zwei Jahren wiederholt.

Auch eine Impfung gegen Influenza (Pferdegrippe) ist sehr ratsam, wenn Ihr Pferd viel mit anderen Pferden in Berührung kommt, da Influenza hochansteckend ist. Für den Besuch offizieller Veranstaltungen ist eine Influenzaschutzimpfung im Abstand von sechs Monaten Pflicht.

Ein ebenfalls sehr gefährlicher Erreger für das Pferd ist das Equine Herpesvirus. Je nach Art des Virusbefalls kann es bei Zuchttieren zu einem Virusabort und zu Geschlechtskrankheiten kommen. Wenn die Nervenbahnen von der Infektion betroffen sind, kann dies zu nicht heilbaren und schließlich tödlich verlaufenden Rückenmarkslähmungen des Pferdes führen.

Eine Tollwutschutzimpfung ist für Fjordpferde ratsam, die in gefährdeten Gebieten leben, und für Jungpferde, die auf Aufzuchtweiden gehalten werden. Beim zuständigen Veterinäramt kann man sich erkundigen, ob ein Gefährdungsgebiet in der unmittelbaren Umgebung vorhanden ist. Der Impfschutz gegen Tollwut muss einmal jährlich aufgefrischt werden. Bei speziellen Fragen zum Thema Impfungen ist es ratsam, sich an einen Fachtierarzt für Pferde zu wenden.

## Das Übel mit den Parasiten

Es ist eine Tatsache, dass jedes Pferd eine gewisse Anzahl von Magen-Darm-Parasiten in sich trägt. Da unsere domestizierten Hauspferde immer wieder dieselben Flächen beweiden und in den gleichen Ställen stehen, können wir die Infektionskette nicht unterbrechen. Die Pferde scheiden die Wurmeier zum Beispiel auf der Weide aus, die Eier entwickeln sich zu Larven, krabbeln an den Grashalmen empor und werden wieder von den Pferden aufgenommen. So gelangen diese Schmarotzer zurück in den Verdauungstrakt – ein ganz normaler Kreislauf, der zunächst einmal überhaupt nicht schlimm ist, da ein minimaler Parasitenbefall einem gesunden Fjordpferd nicht schadet.

Das Ziel einer Wurmkur ist es, den Befall möglichst gering zu halten. Bei einem zu hohen Wurmbefall sind Pferde sehr in ihrer Leistungsfähigkeit eingeschränkt, durch den Entzug von Nährstoffen magern sie ab, bekommen ein struppiges, mattes Fell und wirken müde. Auch Durchfall und Kolik können Anzeichen starker Verwurmung sein. Schon wenige Tage alte Fohlen können sich über die Muttermilch infizieren und bleiben unter Umständen in ihrer Entwicklung zurück. Die Wurmlarven wandern durch den gesamten Pferdekörper und können Schäden verursachen, die als solche gar nicht oder erst zu spät erkannt werden können.

Deshalb ist ein sehr starker Parasitenbefall ernst zu nehmen, denn er kann lebensbedrohlich für das Pferd werden. Ergänzend

*Auch Pferde, die ausschließlich auf der Weide gehalten werden, müssen selbstverständlich regelmäßig entwurmt werden.*

zu den vier- bis sechsmal jährlich zu gebenden vorbeugenden Wurmkuren empfiehlt es sich, regelmäßig Kotproben untersuchen zu lassen. Außerdem sollten möglichst weitere Maßnahmen ergriffen werden, um den Parasitenbefall in Grenzen zu halten.

Dazu gehört die Wechselbeweidung einer Wiese durch Pferde und Rinder, da die Wurmlarven im Verdauungstrakt der Rinder nicht überleben können. Wenn nur relativ kleine Weideflächen zur Verfügung stehen, sollten sie alle zwei bis drei Tage abgemistet und jährlich mit Kalkstickstoff gestreut werden. Auf großen Flächen ist es hilfreich, die Weiden regelmäßig zu wechseln. Nach einem Jahr der Beweidung sollten die Flächen am besten zwei Jahre als Mähwiese genutzt werden. Auf diese Weise finden die Wurmlarven keinen Wirt mehr zum Weiterleben und gehen ein.

Die Dosis der prophylaktisch gegebenen Wurmkuren (am besten haben sich Pasten zum Eingeben in das Maul bewährt) richtet sich nach dem Gewicht des Fjordpferdes. Bei sehr starkem Parasitenbefall ist es ratsam, die notwendige Menge des Medikaments in zwei Portionen zu verabreichen, denn wenn zu viele Wurmlarven auf einmal absterben, können sie beim Ausscheiden Verstopfungen bis zum Darmverschluss verursachen. Es sollten immer alle Pferde eines Bestandes zur gleichen Zeit entwurmt und anschließend sollten alle Stallungen desinfiziert werden. Es ist zweckmäßig, die Pferde im Frühjahr einige Tage vor dem Weideauftrieb noch einmal zu entwurmen, damit nicht sofort wieder das Grünland mit Würmern verseucht wird.

# Tipps zum Thema PFERDEKAUF

Beim Pferdekauf spielt das Bauchgefühl eine große Rolle – schließlich ist man auf der Suche nach einem Freizeitpartner, mit dem man im Idealfall mehrere Jahrzehnte verbringt. Doch gerade deshalb sollte die Kaufentscheidung auch sehr gründlich durchdacht sein. Ein vermeintliches Schnäppchen kann sich ein paar Wochen oder Monate später als ganz schön kostspielig erweisen, und von dem besten Pferd haben Sie nichts, wenn Sie beide einfach nicht zueinanderpassen. Deshalb: Gehen Sie niemals ganz allein auf „Pferde-Einkaufstour", sondern nehmen Sie einen versierten Berater mit, der Ihre Ansprüche an Ihr künftiges Pferd kennt und selbst viel Sachverstand besitzt, um die möglichen Aspiranten ebenso kritisch wie wohlwollend beurteilen zu können.

## Billig kann ganz schön teuer werden

Ein gutes Pferd hat seinen Preis! Wenn Sie auf der Suche nach einem passenden Fjordpferd sind, sollten Sie unbedingt diesen Grundsatz beachten. Und falls Ihnen jemand folgendes Super-Sonderangebot machen möchte, seien Sie bitte vorsichtig: „Vierjährige Prämienstute mit Topabstammung, bestens gefahren und geritten, mit allerbestem Charakter für nur 2000 Euro zu verkaufen." Mit großer Wahrscheinlichkeit hat so ein Schnäppchen einen Haken. Es ist ein offenes Geheimnis, dass man mit der Zucht von Fjordpferden nur sehr schwer Geld verdienen kann. Trotzdem wird jeder Züchter bemüht sein, wenigstens kostendeckend zu wirtschaften.

Deshalb kann kein Gestüt ein vierjähriges, ausgebildetes Fjordpferd für 2000 Euro verkaufen, denn bis ein Pferd zum Verkauf angeboten werden kann, hat es schon einige Kosten verursacht. Hat der Züchter keinen eigenen gekörten Deckhengst, muss er die Decktaxe an den Hengsthalter zahlen. Nach etwa drei Wochen ist eine Trächtigkeitsuntersuchung der Mutterstute fällig, und wenn die Trächtigkeit und die Geburt reibungslos verlaufen sind, wird das kleine Fohlen zuerst vom Tierarzt geimpft. Für die Registrierung, das Brennen und das Ausstellen eines Abstammungsnachweises erhebt dann der Pferdezuchtverband eine satte Gebühr.

Im günstigsten Fall verläuft die dreijährige Aufzucht des Pferdes ohne Zwischenfälle, und der Tierarzt wird nur zur jährlichen Impfung und zur Abgabe der Wurmkuren benötigt. Der Hufschmied kommt etwa alle zehn Wochen zum Ausschneiden. Der erste Winter des Fohlens ist für den Aufzüchter am teuersten, da er hier Kraftfutter zufüttern muss. Je nach Futtergrundlage des Gestüts hat das Pferd etwa 2000 bis 2500 Euro Selbstkosten verursacht, bis es dreieinhalbjährig eingeritten oder eingefahren werden kann. Anschließend sind noch die Kosten für die Grundausbildung fällig, sodass das Pferd den Züchter bereits etwa 3000 Euro gekostet hat, bis es als vierjähriges Fjordpferd angeboten werden kann.

Anhand dieser Aufstellung können Sie sehen, wie viel ein Fjordpferd kosten muss, nur damit der Züchter nicht draufzahlt. Wenn Sie trotzdem ein erwachsenes Fjordpferd wesentlich günstiger angeboten bekommen, sollten Sie sehr vorsichtig sein. Es sind dann oft Pferde, die nicht planmäßig gezüchtet wurden, sondern als Schlachttiere aus einer reinen Vermehrungsproduktion stammen. Häufig handelt es sich um Inzuchtprodukte, die zudem sehr schlechte Aufzuchtbedingungen hatten. Bei diesen Pferden ist es sehr fraglich, ob sie den guten Charakter und die robuste Gesundheit eines planmäßig gezüchteten Fjordpferdes haben.

*Da kommt er! Ihr absoluter Traumtyp von einem Fjordpferd! Aber behalten Sie trotz der Liebe auf den ersten Blick einen kühlen Kopf bei der Auswahl.*

Leider hört man von Kaufinteressenten oft das Argument: „Auf den Papieren kann ich nicht reiten. Ich bin nur Freizeitreiter und mein Pferd braucht deshalb keine Papiere." Aber gerade als Freizeitreiter ist es absolut notwendig, ein Pferd mit dem allerbesten Charakter zu haben, und das gute Interieur eines Pferdes ist nun einmal ererbt. Wenn der Reiter die Abstammung und die Herkunft seines Pferdes nicht kennt, ist es wie ein Lotteriespiel, welche Charaktereigenschaften das neu erworbene Pferd hat. Denn Pferde zeigen in einer neuen Umgebung ihr wahres Gesicht erst nach einiger Zeit, wenn sie sich in ihrem neuen Zuhause eingelebt haben. Da werden manchmal die sanftesten Lämmer zu den wildesten Rowdys und umgekehrt.

In den laufenden Unterhaltskosten ist ein gutes Pferd nicht teurer als ein schlechtes. Deshalb ist es kurzsichtig gedacht, wenn man sich auf solche Sonderangebote, bei denen die Herkunft des Pferdes nicht bekannt ist, einlässt. Solche Pferde sind oft schon durch viele Hände gegangen und ihre Vorgeschichte kann man nicht mehr rekonstruieren. Was man im ersten Augenblick bei der Anschaffung spart, zahlt man später nur allzu oft in vielfacher Höhe an den Tierarzt oder an einen Fachmann, der das Pferd ausbilden muss. Geld, das man dann doch gespart hätte, wenn man gleich ein zunächst etwas teureres Pferd von

*Auch wenn das Ihnen angebotene Pferd noch so unwiderstehlich süß und treuherzig schaut, lassen Sie sich bei der Auswahl unbedingt von einem Fachmann beraten.*

einem seriösen Züchter gekauft hätte. Kauft man woanders ein Pferd mit zumindest vollständigen Papieren, lassen sich an den Eintragungen im Pferdepass der oder die Vorbesitzer leicht ausfindig machen, und es können viele aufschlussreiche Dinge aus der Vorgeschichte des Pferdes erfragt werden.

Natürlich gibt es immer wieder Notverkäufe, aber Sie sollten dennoch vorsichtig sein, wenn Ihnen ein Fjordpferd für viel weniger als den üblichen Preis angeboten wird. Denn nicht jedes falbfarbene Pony ist ein reinrassiges Fjordpferd. Ein Fjordpferd vererbt seine Falbfärbung sehr zuverlässig, auch bei Einkreuzungen. Aber dass Mischlinge besser und robuster sind als Rassetiere ist bei Pferden ein ebensolches Ammenmärchen wie bei Hunden.

Auch bei Spontan- und Mitleidskäufen müssen Sie wenigstens versuchen, noch ein bisschen Herr über Ihre Gefühle zu bleiben, damit so ein armes Pferd kein allzu großes Loch in Ihren Geldbeutel frisst.

## Vertrauen ist gut ... – aber Pferdekauf nur mit Fachmann

Es gibt in Deutschland inzwischen zahlreiche Gestüte und engagierte Züchter von guten Fjordpferden. Wenn Sie also ernsthaft die Absicht haben, sich ein Fjordpferd

*Ein Araber im Fjordpelz: Bei Einkreuzungen mit anderen Rassen vererbt das Fjordpferd leider nicht immer sein gutes Interieur so zuverlässig wie seine Falbfarbe.*

*Wenn ein Pferd dem Kaufinteressenten gekonnt und gut vorgestellt wird, wird in der Regel auch ein höherer Kaufpreis erzielt.*

zu kaufen, können Sie sich leicht im Internet einen Überblick über geeignete Zuchtstätten verschaffen. Es ist sinnvoll, sich im Vorfeld schon eine Liste über die Eigenschaften zu machen, die Ihr neues Pferd unbedingt mitbringen sollte. Sie sollten sich nach Möglichkeit schon über das bevorzugte Geschlecht, das Alter, die bisherige Ausbildung, den Typ, die Größe und die Farbe im Klaren sein. Das spart Ihnen und den Anbietern eine Menge unnötigen Zeitaufwand bei der Vorauswahl. So können Sie schon beim ersten Kontakt erfahren, welches Gestüt im Moment überhaupt ein entsprechendes Pferd zum Verkauf anbietet. Bitte glauben Sie nicht, dass Ihr Traumpferd unbedingt im Umkreis von 50 Kilometern zu finden ist. Manchmal ist es notwendig, dass Sie auch weite Fahrtstrecken auf sich nehmen, Sie suchen schließlich einen Freizeitpartner für die nächsten 20 Jahre.

Je genauer Sie dem Züchter Ihre Wunschvorstellungen mitteilen können, desto besser und gezielter kann er Sie beraten, um das passende Fjordpferd für Sie zu finden. Denn er kennt seine Pferde mit den speziellen Vorzügen und Eigenarten am besten. Schauen Sie sich bei der ersten Auswahl ganz in Ruhe alle Pferde an, die Ihnen gefallen, aber entscheiden Sie sich nach Möglichkeit noch nicht gleich für das erste Paar treuherzig blickende braune Augen, das Sie unwiderstehlich anschaut. Oft hat man Glück und kann sich noch die Elterntiere oder Geschwister der Wunschkandidaten zeigen lassen, was auf jeden Fall sehr aufschlussreich ist.

Überlegen Sie sich genau, für welchen Zweck Sie das Pferd suchen, damit Sie sich

*Nun steht einer langen Freundschaft nichts mehr im Wege. Ein Fjordpferd ist immer bereit, mit seinen Menschen gemeinsam durchs Leben zu gehen.*

für den richtigen Typ entscheiden. Wenn Sie gern an Distanzritten teilnehmen und springen möchten, sind Sie sicher mit dem feineren, trockeneren Typ besser beraten als mit einem Pferd von schwerem Kaliber. Meistens sind die Pferde im feineren und leichteren Typ auch lauffreudiger und sensibler im Temperament als die schwereren Typen. Suchen Sie allerdings einen Gewichtsträger, mit dem Sie überwiegend gemütlich ausreiten möchten, wäre der schwerere Typ wahrscheinlich genau das richtige Pferd für Sie. Beobachten Sie in Ruhe das Verhalten der jeweiligen Pferde und fahren Sie in der zweiten Runde noch einmal mit einem erfahrenen Pferdekenner zu den infrage kommenden Pferden. Ihre Begleitung wird wahrscheinlich wesentlich objektiver an die Sache mit dem Pferdekauf herangehen und kann Sie gut beraten.

Vor dem Probereiten machen Sie am besten Ihren Wunschkandidaten selbst zum Reiten fertig. Holen Sie das Pferd aus dem Stall oder von der Weide und beobachten Sie

genau sein Verhalten. Ist es Ihnen gegenüber freundlich und neugierig, oder ist es eher mürrisch und geht nur widerwillig mit Ihnen an die Arbeit? Achten Sie darauf, ob der Pflegezustand in Ordnung ist und dass keine offensichtlichen Beeinträchtigungen in der Gesundheit vorliegen. Auch das Verhalten beim Putzen und Satteln zeigt Ihnen deutlich, was das Pferd bisher für Erfahrungen im Umgang mit Menschen gesammelt hat.

Aussagen über die Qualität geben zum Beispiel bestandene Leistungsprüfungen bei Zuchttieren oder die bestandene Fjordpferdestandardprüfung. Dabei ist zu beachten, dass die Prüfung zwar nur eine Momentaufnahme ist, trotzdem aber einen sicheren Hinweis darauf gibt, ob das Pferd eine ordentliche Erziehung genossen hat. Egal, was der Verkäufer Ihnen erzählt: Lassen Sie sich immer das Pferd zuerst vorreiten und setzen Sie sich niemals als Erstes selbst darauf. Es gibt auch heute noch die Masche, dass man rohe Pferde als gut geritten anpreist und einfach Interessenten aufsitzen lässt, obwohl noch nie jemand auf diesem Pferd geritten ist. Manchmal geht dieser Schwindel sogar gut, aber oft wird er zum Desaster.

Außerdem können Sie sich am Anfang vom Boden aus einen viel besseren Überblick über das Tier verschaffen. Wie fein reagiert es auf die Hilfen und wie ausbalanciert bewegt es sich unter seinem Reiter? Stimmt der angegebene Ausbildungsstand mit dem tatsächlichen Verhalten des Pferdes überein? Wenn Sie sich als Nächstes selbst auf das Pferd setzen, ist es nicht entscheidend, dass Sie gleich sämtliche Lektionen abrufen können. Wichtig ist zunächst das Gefühl, das das Pferd Ihnen vermittelt. Der mit Ihnen gekommene Fachmann wird Ihnen nun schon seine ersten Eindrücke schildern können, bevor er das Pferd im Anschluss selbst reitet, um es dann möglichst neutral bewerten zu können.

Eine tierärztliche Ankaufsuntersuchung ist in jedem Fall sehr ratsam. Es kommt auf den bisherigen und zukünftigen Verwendungszweck des Pferdes an, wie umfangreich sie ausfallen sollte. Sie gibt beiden Parteien Aufschluss über den momentanen Gesundheitszustand des Pferdes. Wenn das Pferd schon geritten wurde und wenn Sie es intensiv reiten möchten, empfiehlt es sich, die Beine des Pferdes auch röntgen zu lassen. Möchten Sie allerdings ein Fohlen kaufen, ist in aller Regel eine klinische Ankaufsuntersuchung ausreichend. Vergessen Sie nicht, kurz die Identität Ihres Favoriten zu überprüfen. Stimmen die Papiere anhand von Geschlecht, Farbe, Alter, Brandzeichen und eventueller anderer Abzeichen mit dem vor Ihnen stehenden Pferd überein?

Bei Fjordpferden ist es oft gar nicht so einfach, ein unverwechselbares Merkmal zu finden. Schauen Sie sich deshalb genau die Lage der einzelnen Fellwirbel des Pferdes an und vergleichen Sie diese mit dem Piktogramm im Pferdepass. Ist der Verkäufer auch als Besitzer eingetragen oder wurde er nicht umgeschrieben? Kontrollieren Sie noch die regelmäßigen Impfungen im Pferdepass und bestehen Sie immer auf einem schriftlichen Kaufvertrag.

Denken Sie auch beim Pferdekauf daran: Nobody is perfect. Es gilt immer, die Vorteile gegen die Nachteile abzuwägen, um zu einer Entscheidung zu kommen. Sie sollten nicht zu einem „Fehlergucker" mutieren, sondern demjenigen Pferd den Vorzug geben, das von seinem Gesamteindruck am ehesten Ihren Vorstellungen und Wünschen entspricht.

# Die IGF: Sie macht sich für die Falben stark

*Gemeinsam sind wir stark!*
*Die Interessengemeinschaft Fjordpferd setzt sich mit ihren rund 3000 Mitgliedern für die Falben ein.*

Die Interessengemeinschaft Fjordpferd (kurz IGF) ist ein eingetragener bundesweiter Verein mit circa 3000 Mitgliedern aus Deutschland und dem benachbarten Ausland, die alle eine besondere Verbindung zu dem norwegischen Fjordpferd haben. Die IGF wurde 1974 von einer Handvoll Idealisten im Saarland vor allem zum Erhalt der damals aufgrund der Technisierung in der Landwirtschaft stark gefährdeten Pferderasse gegründet. Es ist das satzungsgemäße Ziel des Vereins, sowohl Werbung für das Fjordpferd zu betreiben als auch sich für die Reinzucht und die Verbreitung der Rasse zu engagieren. Wie richtig die IGF mit diesen Zielen liegt, zeigen die stetig wachsenden Mitgliederzahlen.

Im Laufe der Vereinsgeschichte hat sich natürlich vieles weiterentwickelt, aber die Vereinsarbeit wird immer noch ehrenamtlich geleistet. Es gibt inzwischen in allen Bundesländern Regionalgruppen, die jeweils von gewählten Vorständen geführt werden. Der Regionalgruppenvorstand ist neben der Bundesgeschäftsstelle der direkte Ansprechpartner für die einzelnen Mitglieder. Die Regionalvorstände sammeln sich unter dem Dach der Bundesvereinigung, die durch einen geschäftsführenden Vorstand geleitet wird. Jährlich werden viele regionale Veranstaltungen rund um das Fjordpferd angeboten. Es gibt beispielsweise Wanderritte und Reiterrallyes, Reit- und Fahrturniere, Kurse und Lehrgänge aller Art sowie Zuchtschauen. Zu den bundesweiten Jubiläumsveranstaltungen treffen sich alle fünf Jahre sehr viele Akteure aus allen Bereichen der Zucht und des Sports aus ganz Deutschland, um gemeinsam schöne Turniere und Schauen mit Fjordpferden zu veranstalten.

Als offizielles Sprachrohr bringt die IGF viermal jährlich ein Mitteilungsblatt heraus. Die Zeitschrift enthält interessante Fachberichte und Neuigkeiten aus den Regionalgruppen sowie einen Kleinanzeigenteil mit Verkaufsanzeigen. Ein weiterer wichtiger

Punkt der Vereinsarbeit ist der Besuch verschiedener Reitsport- und Pferdemessen. Alle kleineren regionalen Messen werden von den Mitgliedern aus den Regionalgruppen vor Ort beschickt, und alle zwei Jahre hat die IGF ein wunderschönes Norwegerdorf auf der weltgrößten Pferdesportmesse in Essen, der Equitana, das überall großes Lob und Anerkennung findet.

Die IGF hat eine Reihe einheitlicher Messestände, die aussehen wie norwegische Fischerhütten. Zusätzlich werden neben den Hütten oft Fjordpferde in den Paddocks präsentiert, die immer zu Publikumsmagneten avancieren. Dank der vielen Showteams, die landauf und landab mit ihren tollen Programmen für Begeisterung sorgen, sind die Falben überall präsent, und pünktlich zur Equitana sind immer die Neuigkeiten der IGF wie ein Hengstbuch oder eine Fjordpferde-CD zur Stelle. Auf Bundesebene gibt es zur Koordinierung großer Veranstaltungen je einen Zucht-, Jugend- und Sportwart. Dem Sportwart obliegt zum Beispiel die Durchführung des jährlichen Fjord-Cups, der Zuchtwart befasst sich unter anderem mit Änderungen oder Ergänzungen der Richtlinien für die Leistungsprüfungen der Zuchttiere, und eine der Aufgaben des Jugendwartes ist die Austragung von Jungzüchterwettbewerben.

## Die Standardprüfung für Fjordpferde

Die Standardprüfung wurde 1997 von der Interessengemeinschaft Fjordpferd entwickelt – genauer gesagt wurde die Idee von einigen engagierten Züchtern der IGF in endlosen Gesprächen, Diskussionen und praktischen Tests geboren. Die Standardprüfung soll einerseits den Züchtern von gut ausgebildeten Fjordpferden einen Wettbewerbsvorteil verschaffen und andererseits dem Käufer und Halter eine gewisse Qualitätsgarantie für Fjordpferde geben.

Es wurde ein umfassender Prüfungskatalog entwickelt, der im Laufe der Jahre immer weiter ausgefeilt wurde. Bei dieser Prüfung wird nicht nur die Umgänglichkeit und das Vertrauen des Pferdes zu seinem Reiter und Halter überprüft, sondern es werden auch verschiedene Elemente wie Schmiede- und Verladefrömmigkeit, Verkehrssicherheit, Verhalten beim Longieren und Reiten getestet – egal in welchem Reitstil.

Schnell entwickelte sich die Standardprüfung zu einer richtigen Gebrauchspferdeprüfung, die fast alle Dinge im täglichen Leben und im Umgang mit dem Fjordpferd als Familienpferd in 18 Teilprüfungen auf die Probe stellt. Jeder einzelne Prüfungsteil wird mit einem A für „anstandslos bestanden", einem B für „bedingt bestanden" und einem C für „nicht bestanden" bewertet. Je nach Alter des geprüften Pferdes kann es sich mehr oder weniger oft die Wertung B erlauben, um die Prüfung noch zu bestehen. Wird aber einmal der Buchstabe C vergeben, hat das Pferd die Prüfung nicht bestanden und wird aus der Wertung genommen. Die Prüfung kann nur als Ganzes wiederholt werden, nicht in einzelnen Prüfungsteilen, da die Prüfer sich immer ein Gesamtbild des Pferdes machen müssen.

Zum Zeitpunkt der Prüfung muss das Fjordpferd mindestens viereinhalb Jahre alt sein, und es können alle Fjordpferde mit einem Abstammungsnachweis einer anerkannten Züchtervereinigung zur Prüfung zugelassen werden. Die gesamte Prüfung wird bis auf den Fremdreitertest, bei dem die Durchlässigkeit für die reiterlichen Hilfen in den Grundgangarten und in den Übergängen von fremden Reitern geprüft werden, von dem Besitzer des Fjordpferdes selbst durchgeführt. Der Fremdreiter ist angehalten, den Test so kurz wie möglich zu gestalten. Die Prüfung wird von ehrenamtlichen Prüfern der IGF abgenommen. Jeder Besitzer, dessen Fjordpferd erfolgreich an der Prüfung teilgenommen hat, bekommt ein ausführliches Protokoll der Prüfung und ein Zertifikat. Ob nun der angestrebte Verkauf des Pferdes bei der Prüfung im Vordergrund steht oder ob der Besitzer nur die bisherige Erziehung seines Pferdes beurteilen lassen möchte, spielt bei der Standardprüfung überhaupt keine Rolle.

*Vertrauensvoll folgt dieses Fjordpferd seinem Menschen auch durch das Flatterband und hat somit diesen Teil der Standardprüfung erfolgreich absolviert.*

# ÜBER DEN AUTOR

Ulrich Schmelzer, gebürtiger Rheinländer, Pferdewirtschaftsmeister und ehemals aktiver Vielseitigkeitsreiter, schaute früher mitleidig auf Fjordpferde herab. Irgendwann jedoch eroberten sie sein Herz und heute hat er sich dieser Rasse voll und ganz verschrieben. Seit 1994 betreibt Schmelzer in Wülfershausen in der Nähe von Erfurt einen Pferdehof, der sowohl eine FN-anerkannte Reitschule mit Warmblutpferden als auch ein Fjordpferdegestüt mit drei gekörten Hengsten und sechs Zuchtstuten beherbergt. Aus der Zucht sind bereits mehrere Siegerhengste bei den Hengstleistungsprüfungen hervorgegangen.

Ulrich Schmelzer ist Regionalgruppenvorsitzender der Interessengemeinschaft Fjordpferde in Thüringen und engagiert sich darüber hinaus besonders für die Ausbildung von Pferdewirten. Für die hervorragende Ausbildungsarbeit auf seinem Hof wurde ihm schon mehrfach von der FN in Warendorf die Graf-von-Lehndorff-Plakette verliehen.

# DANKSAGUNG

Ich widme dieses Buch meinen Fjordpferden, die ich als junger Reiter immer nur von oben herab belächelt habe, aber dafür heute umso mehr bewundere.

Mein besonderer Dank für die freundliche Unterstützung gilt dem Gestüt Altmeyer, dem Fjord-Fan-Shop von Gabi Marberg, Nicole Borsbach mit ihren Pferden, Aneta Grafschmidt, dem Gestüt Eitenmüller, dem Therapiezentrum Heck & Hentschel, dem Fjord-Show-Team aus Nordrhein-Westfalen, dem Ponyreithof St. Margarethen, den Familien Köppen und Zörgiebel, Christina Tietgen (www.fjordpferde-info.de) und natürlich allen voran ein dickes Dankeschön an die Fotografin Christiane Slawik für die vielen tollen Fotos und die große Hilfestellung.

*Ulrich Schmelzer,*
im März 2007

# WICHTIGE ADRESSEN

## Interessengemeinschaft Fjordpferd (IGF) e.V.

Beningsfeld 22
51427 Bergisch Gladbach
Tel. 0 22 04 58 91 92
Igf-ev@t-online.de
www.igfjordpferd.de

## Vereinigung der Freizeitreiter (VFD) e.V.

Bundesgeschäftsstelle
Bremer Weg 3
27793 Wildeshausen
Tel. 0 44 31 94 59 39
bundesgeschaeftsstelle@vfdnet.de
www.vfdnet.de

## Fjordpferde Vereinigung Schweiz

Herr Andreas Staub
Friedhofstr. 16
CH-4912 Aarwangen
Tel. (+43) 62 992 93 15
info@fjordpferdevereinigung.ch
www.fjordpferdevereinigung.ch

## Deutsche Reiterliche Vereinigung (FN) e.V.

Freiherr von Langen Str. 13
48231 Warendorf
Tel. 0 25 81 63 62-0
www.fn-dokr.de
www.pferd-aktuell.de

## Fjord Horse International Association

NO-6770 Nordfjordeid
Tel. (+47) 57 86 10 80
omb@tele2.no
www.fjordhorseint.no

## Laufstall- Arbeits-Gemeinschaft (LAG) e.V.

Aichacher Str. 3
86567 Hilgertshausen
Tel. 0 82 50 99 78 18
info@lag-online.de
www.lag-online.de

# REGISTER

# CADMOS PFERDEBÜCHER

mit diesem Zeichen auch als E-Book verfügbar

Sylvia Czarnecki

## IT'S SHOWTIME

Zirkuslektionen sehen nicht nur gut aus, sie fördern auch das Vertrauen zwischen Pferd und Mensch, tragen zur Gymnastizierung bei und bringen Abwechslung ins Training. Das Besondere an diesem Buch: Die Autorin vertritt kein festes Ausbildungssystem, sondern beschreibt auf der Grundlage des Lernverhaltens des Pferdes sowie aus jahrelanger praktischer Erfahrung pferdegerechte Wege zur Erarbeitung von Kompliment, Liegen, Sitzen und Co.

144 Seiten, broschiert · ISBN 978-3-8404-1013-0

Nathalie Penquitt

## LERNSPIELE FÜR PFERDE

„Lernen spielend leicht gemacht" lautet das Motto dieses Buches. Es liefert viele Ideen und konkrete Anleitungen, wie wir unseren Pferden den Alltag versüßen und ihnen dabei auch noch viel Neues vermitteln können. Sie denken, mit Pferden kann man nicht spielen? Dann lassen Sie sich hier einfach vom Gegenteil überraschen.

80 Seiten, broschiert
ISBN 978-3-8404-1507-4

Hans-Heinrich Jörgensen

## SCHÜßLER-SALZE FÜR MEIN PFERD

Dieses Buch liefert sehr anschaulich das notwendige Wissen, um die Mineralien beim kranken Pferd und auch vorbeugend sinnvoll einsetzen zu können. Die zwölf Schüßler-Salze und ihre bewährten Anwendungsgebiete werden ausführlich vorgestellt, sodass die richtige Auswahl für die schonende und wirksame Therapie ein Leichtes wird.

80 Seiten, broschiert
ISBN 978-3-8404-1515-9

Marlitt Wendt

## DIE INTELLIGENZ DER PFERDE

Aktuelle Studien belegen eindrucksvoll, dass die Intelligenz der Pferde bisher weitgehend unterschätzt wurde. Die Verhaltensbiologin Marlitt Wendt erläutert in diesem Buch anschaulich die Mechanismen des Lernverhaltens und die verborgenen mentalen Fähigkeiten der Pferde.

128 Seiten, broschiert
ISBN 978-3-8404-1038-3

Karin Tillisch

## KREATIVE BODENARBE

Vertrauen stärken, die Kommuni verbessern und Abwechslung in tag mit dem Pferd bringen – das wichtigsten Vorzüge der Bodena Dieses Buch bietet eine systema Anleitung für den Einstieg in die der Beschäftigung mit dem Pfer miert über die nötige Ausrüstung stellt kreative Ideen für leicht zu tende und dennoch wertvolle Üb vor.

80 Seiten, broschiert
ISBN 978-3-86127-562-6

Cadmos Verlag GmbH · Röntgenstraße 24 · 21493 Schwarzenbek
Tel. 04151-87 90 7-0 · Fax 04151-87 90 7-12

www.cadmos.de

CADMO

FSC
www.fsc.org
MIX
Papier | Fördert
gute Waldnutzung
FSC® C083411

Kolibri 360 GmbH
Ferdinand-Jühlke-Straße 7
99095 Erfurt, Deutschland
produktsicherheit@kolibri360.de